IMO標準海事通信用語集準拠

海事基礎英語

東京海洋大学名誉教授
大津晧平 監修

東京海洋大学教授
高木直之
　　　　　　共著
東京海洋大学教授
内田洋子

海文堂

監修のことば

　本書は，現在ＳＴＣＷ条約で選定されつつある標準の海事英語に関して，船舶に乗り組む船員（主として Deck Officer）が最低知っておくべき専門的な口語について解説したものである。

　本書を学ぶことによって，船員として業務上最低必要な万国共通の海事英語表現が会得できるとともに，船舶の運航に関する最低の知識も得られるように解説を付して記述してある。したがって，本書の知識をマスターすれば一応船員らしい（すなわち Seamanship を備えた）表現と海事知識が得られる。

　このような英語は，その意味を間違って取ったり，知らなかったりすると火急の場合に間に合わず，大変な事態になることもあり，反射的に出てこなければならない。したがって，ここに出てくる英語は繰り返し，繰り返し練習し覚えていただきたい。最近「暗記せよ」という教育はあまり良くないと言われているが，本書の英語は船員となる必須条件であり，いわば飯の種である。覚えておかないと命に関わることにもなる。

　執筆は，東京商船大学で英語を専門にする高木，内田助教授が原文を書き，それを筆者がチェックする形で進めた。また，Native Speaker による CD も付録として付けており，これによって正しい発音やイントネーションが学べるようになっている。

　この本は平成 11 年に海文堂出版（株）と本学との共同研究により始めたものであり，3 年目にしてようやくできあがった。その間辛抱強くつきあっていただいた，海文堂出版の岡田吉弘社長ならびに編集の田中国義氏と，CD 作成にあたって協力いただいた NT システムの中村泰社長に深甚の御礼を申し上げる。

　本書が，海上における安全な航海に資する実用の書として役立つことを願う。

　　2002 年 初春

監修者　大津皓平

はじめに

　本書は乗船実習経験の少ない学生を対象に，STCW 条約で習得が義務づけられている標準海事通信用語集（Standard Marine Communication Phrases，以下では SMCP と略記）を教えるためのテキストとして執筆されました。

　SMCP は，英語を共通語として，船と船，船と陸，また船の中でのコミュニケーションを円滑に進め，誤解に基づく海難事故を避ける目的で，国際海事機関（International Maritime Organization：IMO）の手で編纂されたものです。SMCP は Part A と Part B に分かれており，船外通信と重要な船内通信を含んだ Part A が，STCW 条約によって習得が義務付けられている部分です。本書はこの Part A に重点をおき，半期の授業で効率よく海事英語を身につけられるよう作成されています。この目的のため，SMCP のオリジナルの構成を見直し，繰り返し現れるフレーズを極力避けてあります。Part B は Part A を補う船内通信をカバーするものですが，その中でも重要だと思われる当直の引継ぎに関するいくつかの表現は，本書でも扱いました。

　船に関する最低限の予備知識しかない学生の理解を深めるよう，本書では解説を多くつけました。これは一般の英語教員が海事英語を教える際にも大いに役立つと信じます。本書を通読した後，何度か実際の船に乗ればさらに理解は深まるはずです。また執筆の際に参考にした文献を巻末に挙げてありますから，参考にしてください。また英語に関するコメントは（注）の形で行いました。

　今日我が国の国際海運が置かれている状況を考えるとき，英語で外国人船員と円滑なコミュニケーションをはかる必要性は増すばかりです。本書を使って海事英語を身につけた若者たちが，世界の海で活躍することを願ってやみません。

最後になりましたが，執筆にあたった英語教官を海事英語研修の目的で暖かく迎えてくれた航海訓練所練習船北斗丸，及び青雲丸のみなさん，東京商船大学の専門教官の方々，及び練習船汐路丸の歴代キャプテンには，大変お世話になりました。ここに感謝の意を表させていただきます。

2002年3月20日

著者しるす

SMCPの英語について

　SMCPではコミュニケーションの効率化のために，日常生活で使われる英語を簡略化し，be動詞，冠詞，などを省略する傾向がある。これは新聞の見出しなどにおいてもみられることである。まずbe動詞だが，疑問文の場合には，疑問文であることを明示する目的で，主語に関係なく主語の前に出している。しかし肯定文においては，主語が船名の場合にbe動詞を抜かす傾向にある。ただしこの場合も，主語がIやyouの場合はbe動詞を抜かしていない。　例えば主語が「本船」にあたるIの場合には，I am proceeding to your assistance. だが，「動力船N」になると，Motor Vessel N proceeding to your assistance. という具合である。What is your present course and speed? という質問に対する回答も，ある部分では，My present course X degrees, my speed Y knots. とbe動詞が省略され，別の部分では My present course is X degrees, my speed is Y knots. のようにbe動詞を使っている。

　冠詞の省略についても，似たようなことが見受けられる。例えば疑問文では Is the fire under control? と尋ねているのに，それに対する答えでは Yes, fire is under control. のように the をつけていない。このような点に関しては，冠詞やbe動詞の有無にこだわることなく，使用者が適宜判断すればよいだろう。ちなみに，英語を母語とする話者の場合，冠詞やbe動詞はむしろ入れて言うほうが普通であると思われる。

　老婆心ながら付け加えておくと，一般の書き言葉の場合には，be動詞や冠詞が省略されることはない。be動詞の入った The baby is sleeping in the bed. は，

「赤ちゃんはベッドで寝ています」という立派な文だが，be 動詞のない the baby sleeping in the bed は「ベッドで寝ている赤ちゃん」という名詞句を作るという区別は，英文を読む上で大変重要である。また英語には可算名詞の単数形が冠詞を伴わずに使われることはないという大原則がある。この原則も SMCP では無視されているが，これはあくまでもメッセージを短くするという目的のためであり，英語一般には当てはまらないことを肝に銘じておくべきである。

凡　例

　　質問に対する答えは，タブで下げる。
　《例》

> What is your present course?
> 　　My present course is X.

　適宜補うべき語句を SMCP は …で表しており，どのような語句が入るのかは文脈から判断しなくてはならない。本書では，使用者の便宜を考え，どのような語句が入るのかを示すために，以下に挙げる略号を使用した。

　名詞および数字には X, Y, Z などのアルファベットを，船名には（Name の N）を使う。MV N は Motor Vessel + 船名を表す。例えば MV Shioji-maru なら，"Motor Vessel Shioji-maru" と発音する。

　時刻は T（Time の T）で表す。at T UTC は世界協定時（Universal Time Coordinated）T 時を表す。

　TD（Time and Date の T と D）は時刻と日付を表す。例えば 6 月 22 日午前 4 時 19 分なら，at 04:19, 22 June（英国式で，"at zero four one nine（hours）, twenty second（of）June" と読む），もしくは at 04:19, June 22（米国式で "June twenty second" もしくは "June twenty two" と読む）となる。

　D（Direction の D）は方位（東西南北）を表す。海事英語での方位の発音で

あるが，north と south に northwest, north-northwest や southeast のように他の方位を表す語がつづく場合には，th を発音せず，/nɔːwest/「ノーウエスト」や /nɔːnɔːwest/「ノーノーウエスト」 /sauːiːst/「サウイースト」のように発音する。north のあとに east がつづいた場合にはイギリス英語でも r が発音され，/nɔːriːst/「ノーリースト」のようになる場合もあるので注意。参考のため以下に 16 方位をあげておく。🔴1

north	北	south	南
north-northeast	北北東	south-southwest	南南西
northeast	北東	southwest	南西
east-northeast	東北東	west-southwest	西南西
east	東	west	西
east-southeast	東南東	west-northwest	西北西
southeast	南東	northwest	北西
south-southeast	南南東	north-northwest	北北西

　紙数を節約するため，挿入可能な語句は括弧に入れ，複数の語句の中からひとつを選択する場合は角括弧に入れて，/ で区切った。SMCP のオリジナルに角括弧はないが，これではどの語句が選択可能かよくわからないことがあるので，文脈から判断して追加した。対応する日本語では，スラッシュでは読みづらいので，・で区切ってある。

《例》

I am on fire (after explosion).
　　　本船に（爆発後）火災発生。
Fire is in [engine room / hold(s) / superstructure / accommodation / X].
　　　[機関室・船倉・甲板上建造物・居住区・X]に火災発生。

海事英語発音記号表

子音			母音			
			強くはっきりと発音される母音			
1.	/p/	pilot	departure			
2.	/b/	beacon	berth	1.	/ɪ/	list	trim
3.	/t/	tanker	attention	2.	/e/	engine	wreck
4.	/d/	diesel	destination	3.	/æ/	flag	captain
5.	/k/	capsize	cable	4.	/ɔ/	watch	knot
6.	/g/	gas	gale	5.	/ʌ/	tug	bunker
7.	/f/	fairway	aft	6.	/ʊ/	lookout	goods
8.	/v/	vessel	variable	7.	/i:/	speed	marine
9.	/θ/	thruster	south	8.	/ɔ:/*	nautical	port
10.	/ð/	the	them	9.	/ɑ:/*	cargo	starboard
11.	/s/	sea	sail	10.	/u:/	route	crew
12.	/z/	zone	disease	11.	/ə:/*	search	emergency
13.	/ʃ/	ship	position	12.	/eɪ/	radio	Mayday
14.	/ʒ/	explosion	collision	13.	/aɪ/	tide	pipeline
15.	/h/	heave up	harbour	14.	/ɔɪ/	avoid	convoy
16.	/tʃ/	change	channel	15.	/oʊ/	boat	overtake
17.	/dʒ/	bridge	danger	16.	/aʊ/	bow	aground
18.	/m/	maximum	permission	17.	/ɪə/*	steer	pier
19.	/n/	navigation	north	18.	/eə/*	airdraft	fair
20.	/ŋ/	anchor	bearing	19.	/ʊə/*	moor	poor
21.	/l/	collide	last port of call	弱く曖昧に発音される母音			
22.	/r/	ready	correction	20.	/ə/	proceed	metre
23.	/j/	yacht	rescue	21.	/i/	receive	stability
24.	/w/	warning	whistle	22.	/ju/	document	regular

◎ 発音はイギリス英語に基づき，該当する綴り字部分には下線が引いてある．
◎ 強くはっきりと発音される母音はアクセントを持った音節に現れ，弱くあいまいに発音される母音は，アクセントのない音節に現れる．

◎ 第一アクセントが置かれた音節は，下線を引いて表す。
　例：fairway /<u>fe</u>əweɪ/
◎ ＊のついている母音が語末に現れ，後に母音が続く場合は，綴り字に r が含まれると，この r が発音されることがある。
　例：Keep clear of /klɪərəv/ towing lines.

目　　次

はじめに
SMCPの英語について
凡　　例

Lesson 1. 総　　説

1.1	SMCPの使用を促す手順 ❷	*1*
1.2	スペリングおよび数字 ❸	*2*
1.3	メッセージマーカー ❹	*3*
1.4	応　　答 ❺	*6*
1.5	［遭難・緊急・安全］信号	*7*
1.6	感度の確認とチャンネルや周波数の設定 ❻	*8*
1.7	訂　　正 ❼	*9*
1.8	メッセージの受け入れ状態 ❼	*10*
1.9	反　　復 ❼	*10*
1.10	数　　字	*11*
1.11	位置の表し方 ❽	*11*
1.12	方位の表し方 ❾	*13*
1.13	針路の表わし方 ❾	*14*
1.14	距離の表わし方	*14*
1.15	速力の表わし方	*16*
1.16	時刻の表わし方 ❾	*17*
1.17	地　　名	*17*
1.18	助動詞 may, might, should, could および can の用法	*17*

Lesson 2. 自船の情報の通報

- 2.1　信号符字 ●10 ……………………………………………………… *21*
- 2.2　旗　　国 ●11 ……………………………………………………… *22*
- 2.3　位置・針路・速力 ●12 ……………………………………………… *23*
- 2.4　目的地および寄港地 ●13 …………………………………………… *24*
- 2.5　到着および出発予定時刻 ●14 ……………………………………… *25*
- 2.6　喫水・乾舷・エアドラフト・余裕水深 ●15 ……………………… *26*
- 2.7　積　　荷 ●16 ……………………………………………………… *28*
- 2.8　傾　　き ●17 ……………………………………………………… *30*

Lesson 3. 操舵号令・機関号令および　　　　　当直の引継ぎ

- 3.1　操舵号令 ●18 ……………………………………………………… *33*
- 3.2　機関号令 ●19 ……………………………………………………… *35*
- 3.3　スラスターに関する号令 ●20 ……………………………………… *37*
- 3.4　当直の引継ぎ ……………………………………………………… *38*

Lesson 4. 投錨・抜錨・錨泊

- 4.1　投錨・錨泊（船外通信）…………………………………………… *47*
- 4.2　投錨（船内通信）…………………………………………………… *49*
- 4.3　抜錨（船内通信）●30 ……………………………………………… *54*

Lesson 5. 出　入　港

- 5.1　外部との交信 ●31 …………………………………………………… *57*

5.2	着　　桟	59
5.3	離　　桟 ⊙35	69
5.4	タ　　グ	71

Lesson 6. 水　　先

6.1	水先人の要請	75
6.2	パイロットの乗下船	80
6.3	船橋におけるパイロット	84

Lesson 7. VTSとの交信

7.1	航行支援	99
7.2	航路通航管理 ⊙54	106
7.3	取り締まり ⊙55	108
7.4	安全のための連絡	110
7.5	運河・水門の通過 ⊙58	114

Lesson 8. 遭難通信

GMDSSの概要	117
8.1	火災・爆発	119
8.2	浸　　水 ⊙61	122
8.3	衝　　突 ⊙62	123
8.4	座　　礁 ⊙63	124
8.5	傾斜と転覆の危険 ⊙64	126
8.6	沈没，船体放棄 ⊙64	127
8.7	航行不能状態での漂流 ⊙65	129

8.8　武器による攻撃・海賊行為 🌀65 ……………………………… *129*
8.9　その他の遭難通報 🌀65 ……………………………………… *130*
8.10　海中転落 🌀66 ………………………………………………… *131*
8.11　遭難通信の例 🌀67 …………………………………………… *133*

Lesson **9**. 捜索救助活動

9.1　捜索救助の依頼 ………………………………………………… *135*
9.2　捜索救助メッセージの受信確認と中継 🌀70 ………………… *139*
9.3　捜索救助活動 …………………………………………………… *140*
9.4　捜索救助活動の終了 …………………………………………… *143*
9.5　医療援助の要請 🌀75 …………………………………………… *145*
9.6　ヘリコプターとの交信 ………………………………………… *147*

Lesson **10**. 緊急通信および安全通信

10.1　緊急通信 🌀78 ………………………………………………… *153*
10.2　緊急通信の例 🌀79 …………………………………………… *155*
10.3　安全通報 🌀79 ………………………………………………… *155*
10.4　安全通報の例 🌀80 …………………………………………… *166*

Lesson **11**. 航海警報

11.1　陸上または海上の標識 ………………………………………… *167*
11.2　漂　流　物 ……………………………………………………… *169*
11.3　電子航行援助装置 ……………………………………………… *169*
11.4　海底の状況・沈没船 …………………………………………… *170*
11.5　ケーブル等の敷設 ……………………………………………… *170*

11.6	潜水作業・曳航	171
11.7	荷　　役	172
11.8	沿岸施設	172
11.9	水門や橋の故障	173
11.10	軍事演習	173
11.11	漁　　労	174
11.12	環境保護	175

参考文献 178

付録：CD
　　　練習用海図

Lesson 1
総　　説

　第1課では，船舶の運行上不可欠なコミュニケーションに繰り返し使われる基本的な事柄を学習する。
　この課の内容は，SMCPの General「総説」に対応している。SMCPの使用を促す手順や，無線通信の際に使われるアルファベットや数字の読み方，メッセージマーカーの使い方，船と船，もしくは船と陸との交信にもっとも頻繁に使われるVHFと呼ばれる無線機で交信を始める手順，船の位置や速度の表し方など，海事英語の基本中の基本と呼ぶべき事柄を，まず身に付けることを目標とする。

1.1　SMCPの使用を促す手順 ☜2

　SMCP を使ってコミュニケーションを行いたい場合，以下のようなメッセージを相手に送る。

> Please use Standard Marine Communication Phrases.
> I will use Standard Marine Communication Phrases.
> 　☞ 標準海事通信用語を使ってください。
> 　　　本船は標準海事通信用語を使うことにします。

1.2 スペリングおよび数字 🎧3

無線通信の際に，アルファベットを「エイ」「ビー」「スィー」「ディー」のように読むと，感度が悪い場合など正確に伝わらない可能性が高い。そこで国際的な無線通信では，「エイ」の代わりに Alfa,「ビー」の代わりに Bravo のように，文字の代わりに単語を発音してアルファベットを表すという決まりがある。これが，以下の表である。

数字の読み方に関しても決まりがあるが（3, 4, 5, 9, 1000 に注意），普通に読むことも多い。船名やコールサイン（船の無線局に割り当てられた固有の記号）を表す際に，このスペリングは大変重要である。

Letter	Code	Letter	Code
A	Alfa	N	November
B	Bravo	O	Oscar
C	Charlie	P	Papa
D	Delta	Q	Quebec
E	Echo	R	Romeo
F	Foxtrot	S	Sierra
G	Golf	T	Tango
H	Hotel	U	Uniform
I	India	V	Victor
J	Juliet	W	Whisky
K	Kilo	X	X-ray
L	Lima	Y	Yankee
M	Mike	Z	Zulu

Number	Spelling	Pronunciation
0	zero	**ZEERO**
1	one	**WUN**
2	two	**TOO**
3	three	**TREE**
4	four	**FOWER**
5	five	**FIFE**
6	six	**SIX**
7	seven	**SEVEN**
8	eight	**AIT**
9	nine	**NINER**
1000	thousand	**TOUSAND**

1.3 メッセージマーカー 🔘4

　SMCP では，メッセージの直前に以下に挙げるようなメッセージマーカーを使用することを勧めている。メッセージマーカーを使用することにより，それぞれのメッセージの意図が明確になり，誤解を防ぐことができるからである。

1.3.1　Instruction（指示）

　ある規制に従って相手の行動に影響を与えたい場合に使用する。したがってこのメッセージマーカーを使用するには，送り手（例えば航路管制局や軍艦など）がしかるべき権限を有していなくてはならない。

　受け手の側はこの法的規制力を持ったメッセージに従う義務があり，安全確保のためそうできない場合にはその旨を送り手に報告しなくてはならない。

| 例 | INSTRUCTION. Do not cross the fairway.
　　☞［指示］航路を横切ってはならない。 |

1.3.2　Advice（勧告）

　勧告の形で相手の行動に影響を与えたい場合に使用する。受け手の側はかならずしもアドバイスに従わなくてもよいが，内容を十分に検討するべきである。

| 例 | ADVICE.（Advise you）stand by on VHF channel six nine.
　　☞［勧告］VHF チャンネル 69 でスタンバイせよ。 |

　〔注〕　一般の英語では *I advise you to* stand by on VHF channel six nine. のように動詞 advise + 目的語 + to 不定詞の形をとる。SMCP の中にも以下のようにこの形に従ったフレーズがある。

　　　Vessels are advised to proceed to position P to start rescue.
　　　　　☞ 諸船舶は救命作業開始のため位置 P に向かわれたい。

Advise you to recover your fishing gear.
☞ 漁具を引き上げるよう勧告する。

1.3.3 Warning（警告）
（Warning /wɔːnɪŋ/の発音に注意する。「ワーニング」でなく「ウォーニング」!）

相手に危険を伝えたいときに使用する。警告のメッセージを受けた側はただちにそこに述べられた危険に注意を払うべきである。「警告」を受けた後の行動は受け手の責任において行われる。

例	WARNING. Obstruction in fairway. ☞ ［警告］航路内に障害物あり。

1.3.4 Information（情報）

自分が観察した事実や状況のみを相手に伝えるときに使用する。このメッセージマーカーは航行や航路に関する情報を伝える際に使うことが望ましい。「情報」を受けた後の行動は受け手が判断する。

例	INFORMATION. MV Hokuto-maru will overtake to the West of you. ☞ 北斗丸が貴船の西側を追い越そうとしている。

1.3.5 Question （質問）

後に続くメッセージが質問であることを示す。これを使えば質問に対する答を求めているのか，それとも単に情報を伝えようとしているのかの違いを明確にすることができる。このメッセージマーカーを疑問詞（What, Where, Why, Who, How など）といっしょに使えばさらにあいまいさがなくなる。受け手は回答を期待されている。

例	QUESTION．(What is) your present maximum draft? ☞ [質問] 貴船の現在の最大喫水は？

1.3.6　Answer（回答）

後に続くメッセージが質問に対する回答であることを示す。「回答」に続くメッセージの中で質問をしてはならない。

例	ANSWER．My present maximum draft is zero seven metres. ☞ [回答] 本船の現在の最大喫水は7メートル。

〔注〕metres はイギリス英語の綴り。海事英語では二桁の数が可能な場合に（例えば喫水なら 12 メートルということもありうる），10 の位がないことを示すために，このように zero をつけることが多い。

1.3.7　Request（要請）

このメッセージマーカーは，例えば船の備品の調達やタグの手配を行ったり，許可を求めたりする場合に使用する。「要請」を航行上の要請や，海上衝突予防法によって定められた事柄を変更させるために使用してはならない。

例	REQUEST．I require two tugs. ☞ [要請] 本船はタグを2隻要請する。

📖 解説：海上衝突予防法は，複数の船舶が同じ針路・速力を維持して航行す

ると衝突の恐れがあるような場合に，どちらの船が回避行動を取らねばならないかを定めている。

　例えば，2隻の船が反対の針路を取っていて，正面衝突の可能性がある場合には，互いに右に舵をとって，お互いの左舷側ですれ違わなければならないし，互いに他の船舶の針路を横切るような場合には，相手を右舷側に見た船に避航義務がある。このような大原則を，やむを得ない事情がある場合を除いて，勝手にこの「要請」を使って変更してはならないことがSMCPには明示されている。

1.3.8　Intention （意向）

　後に続くメッセージがこれから行う操船を他船に知らせるものであることを示す。このメッセージを送った船の操船上の「意向」を伝える以外の目的に使用してはならない。

| 例 | INTENTION. I will reduce my speed.
　　☞ ［意向］本船は減速する。 |

1.4　応　　答 ◎5

　Yes / No で答えられる質問に応答する際でも，Yes / No だけではなく，そのあとに必ず相手の質問の内容を繰り返す。こうすれば，誤解が避けられる。

| 例 | Is your radar in operation?
　　☞ レーダは作動していますか？
Yes, my radar is in operation.
No, my radar is not in operation.
　　☞ はい，レーダは作動しています。
　　　いいえ，レーダは作動していません。 |

直ちに質問に答えられない場合は，Stand by.「待機せよ。」と言ってから，必要な情報を相手に提供できるように準備をする。はじめからその情報が無いことがわかっていれば，No information.「情報はありません。」と言う。

「指示」（例えば，VTS 局や軍艦などによるもの）もしくは「助言」が与えられた時，その「指示」や「助言」に従う場合は，"I will / can …"（…の部分には「指示」や「助言」の内容の繰り返しを入れる）と答え，従わない場合は，"I will not / cannot …"（…の部分には「指示」や「助言」の内容の繰り返しを入れる）と答える。

|例|

> ADVICE. Do not overtake the vessel North of you.
> I will not overtake the vessel North of me.
> ☞ ［助言］貴船の北の船を追い越してはならない。
> ☞ 本船の北の船は追い越さない。

1.5 [遭難・緊急・安全]信号

1.5.1 MAYDAY

遭難通信を送るために使われる。

1.5.2 PAN-PAN

緊急通信を送るために使われる。

1.5.3 SECURITE

安全通信を送るために使われる。

📖 解説：無線を使って遭難や緊急事態の通報や，船舶の航行の安全に関わる通信を行う際には，上記の単語を3度繰り返してから，内容を述べる。

MAYDAY /meɪdeɪ/「メイデー」は火災，沈没，大怪我など人命に直接かかわる，差迫った重大な危険を通報する際に使用される。

PAN-PAN /paːnpaːn/「パーンパーン」はエンジントラブルなど，直ちに救助を必要としない緊急事態を通報する際に使用される。

SECURITE /sɪkjuəriteɪ/「セキューリテイ」は積荷の漂流など，船舶の航行の妨げとなるような事態を通報し，諸船舶の安全を確保するために使用される。詳しくは第8～10課を参照のこと。

1.6　感度の確認とチャンネルや周波数の設定　⊚6

1.6.1　感度の確認

感度を尋ねる場合には以下のように言う。

How do you read (me)?　Over ?
　☞ 感度はいかが？　どうぞ？

感度を報告する際には，感度の状態をおおむね5段階に分け，以下のように答える。

I read you …　　　　　　　　　　　　　感度は…
　　[bad / one / with signal strength one].　　　最悪。
　　[poor / two / with signal strength two].　　　悪い。
　　[fair / three / with signal strength three].　　普通。
　　[good / four / with signal strength four].　　良い。
　　[excellent / five / with signal strength five].　最高。

1.6.2　チャンネルや周波数の設定

VHFチャンネルもしくは周波数の設定に関しては，以下のようなフ

レーズを用いる。

> Stand by on VHF [channel X / frequency X].
>> Standing by on VHF [channel X / frequency X].
>>> ☞ VHF[チャンネル X・周波数 X]でそのまま待機してください。
>>>> ☞ VHF [チャンネル X・周波数 X]で待機中。
> Advise (you) [change to / try] VHF [channel X / frequency X].
>> Changing to VHF [channel X / frequency X].
>>> ☞ VHF[チャンネル X・周波数 X][に変更して・を試して]ください。
>>>> ☞ VHF[チャンネル X・周波数 X]に変更します。

📖 **解説**：航行中の船舶は VHF の 16 チャンネルを常にモニターすることになっている（これは世界的に共通である）。これでまず相手にコンタクトを取ったら，別のチャンネルに変更してやり取りをする。

1.7　訂　　正 ◉7

メッセージに間違いがあったときは，メッセージを言い終えて，その後すぐに mistake と付け加えていったん文を終える。その後次のように続ける：
"Correction …"この…の部分で，間違った個所を訂正したメッセージをもう一度繰り返す。

> 例 | My present speed is 14 knots — mistake. Correction, my present speed is 12, 12 knots.
> ☞ 本船の現在の速度は 14 ノット— 間違いです。訂正します，本船の現在の速度は 12, 12 ノットです。

〔注〕12 や 14 は one-two, one-four と読む。

1.8 メッセージの受け入れ状態 ◎7

> 例 | I [am / am not] ready to receive your message.
> ☞ 本船は貴船からのメッセージを受け入れる準備ができて[います・いません]。

1.9 反　　復 ◎7

もしメッセージの一部が重要で繰り返す必要があれば，次のように言う。

> 例 | My draft is 12.6 – repeat – 12.6 metres.
> Do not overtake – repeat – do not overtake.
> ☞ 本船の喫水は 12.6，繰り返す，12.6 メートル。
> 追い越すな，繰り返す，追い越すな。

〔注〕12.6 は one two [point / decimal] six と読む。

またメッセージがよく聞き取れなかったら Say again (please).「もう一度言ってください。」と言う。

1.10 数　　字

　数字は原則として数を一つずつ読み上げる。例えば，150 は one five zero 2.5 は　two ［point / decimal］ five と読む。こうすることで fourteen と forty のようにまぎらわしい数字もはっきりと区別できる。

　しかし操舵号令の際に舵角を指示するときには，通常の基数の読み方を使う。例えば，15 は fifteen，20 は twenty と読む。SMCP では小数点を point もしくは decimal と読ませるようにしているが，一般的には，point と読む方が普通である。

1.11　位置の表し方 ◎8

1.11.1　緯度と経度を使う場合

　緯度と経度を使って位置を表すときは，度と分（必要なら分以下は小数で表す）を用い，次のような語順で言い表す。

W degree(s)　X minute(s)　［North / South］，
　Y　degree(s)　Z minute(s)　［East / West］
　　　　　　　［北緯・南緯］W 度 X 分，
　　　　　　　［東経・西経］Y 度 Z 分

|例| WARNING. Dangerous wreck in position 15 degrees 34 minutes North, 061 degrees 29 minutes West.
☞ ［警告］北緯 15 度 34 分，西経 61 度 29 分の位置に危険な難破船がある。
What is your position?
　My position is 35 degrees 33.8 minutes North,
　139 degrees 49.9 minutes East.

> ☞ 貴船の位置は？
> ☞ 本船の位置は北緯 35 度 33.8 分，東経 139 度 49.9 分。

📖 解説：緯度は 90 度まで，経度は 180 度まであるので，緯度は 2 桁，経度は 3 桁が可能である。そこで経度が 1 桁の場合は，10 の位の数字を忘れているわけではないことを示すため，03　degrees（1 度の場合は 01　degree と単数になる），緯度が 2 桁や 1 桁の場合は，061 degrees や 001 degree のようにゼロを加える習慣がある。最初のフレーズで緯度の 15 にはゼロがなく，経度の 61 にはゼロがついているのは，このためである。また度と分は 35°33.8′N のように X°Y′という記号を使って書くことが多い。

2 番目のフレーズで，位置をたずねる場合に，副詞に相当する語句を尋ねる疑問詞の where ではなく，名詞を尋ねる what という疑問詞を使っていることにも注意。緯度・経度で表された位置は補語となる名詞と扱われるからである。

1.11.2　物標からの方角と距離を使って船の位置を表す場合

物標（ぶっぴょう）からの方角と距離を使って船の位置を表す場合，その物標は海図の上ではっきりと識別可能なものでなければならない。

また，船の位置を示すために使う方位は真北（しんほく）を起点とする時計回り 360 度方式で表し，その船が物標から何度の位置にいるのかを言い表さなければならない。自船の位置を報告する場合には，必ず物標からの角度（自船からの角度ではない）と距離を使う。

> 例
> Your position is bearing 137 degrees from Tokyo Light Beacon distance 2.4 nautical miles.
> ☞ 貴船の位置は，東京灯標から 137 度 2.4 海里です。

📖 解説：「真北」(true North)は地球上の本当の北，すなわち地軸の回転軸のある北で，「磁北」すなわちマグネット(磁気)コンパスの指す北と対比させて使われている。

真北と磁北の間にはずれがあり，そのずれの大きさは地球上の位置によって異なる。磁北と真北を結んだ直線上の地点では，両者は 180 度異なることになる。この差は偏差（variation）と呼ばれ，海図には方位を示すコンパスローズ（compass rose：由来はバラの花のように見えることから；付録の練習用海図参照）があるが，これには必ず真北（外側）と磁北（内側）の両方が示されており，さらに偏差も記入されている。

航海当直の引継ぎではジャイロコンパスによる針路（Gyro compass course ジャイロコース）と（Magnetic compass course マグネットコース）の両者を報告するが，これは電気的に機能しているジャイロコンパスが正確に作動しているかをチェックする役目をしている。

2 つの差が海図に示されたその地点での偏差と大きく異なるようであれば，磁石で動くマグネットコンパスはめったなことでは壊れないので，ジャイロコンパスに異常があると考えられる。船はかならず両方のコンパスを装備していなければならない。ついでに日本語ではマグネットコンパスといっているが，英語では magnetic compass であることにも注意。

1.12　方位の表し方 ◉9

物標や船舶の方位は真北から数える 360°方式を使って表す。ただし，相対位置で表す時はこの限りではない。方位は物標からの方位でも良いし，船舶からの方位でも良い。ただし，船が位置を報告するときは，常に物標からの自船の方位を示さねばならない。船舶からの方位の場合，それはその船のコンパスで測った目標物の方位である。

| 例 | Pilot boat is bearing 215 degrees from you.
　☞ パイロットボートは貴船から 215°の方角です。 |

相対方位は船の船首からの度数で示す。通常は左船首からの度数もしくは右船首からの度数を用いる。

> 例　Buoy 030 degrees on your [port / starboard] bow.
> ☞ 貴船の船首[左・右]舷 30°にブイ。

📖 解説：操船時に他船の位置に言及するには，自船の進行方向を基準に右舷・左舷に X 度と表すことも重要である。訓練所の船では角度のかわりに，90 度を 8 つに割ったコンパスポイント数を基準に（手を伸ばして大体握りこぶし一つ分が 1 ポイントと教わる）「右舷 2 ポイントに反航船」のように言っている。SMCP にそっくり同じフレーズはないが，同様の内容は Vessel on opposite course, bearing [2 compass points / 22 degrees] on the starboard bow. のように言えばよいだろう。（1 ポイントは 90 / 8 = 11.25°）

1.13　針路の表わし方 🎧9

針路は常に真北から時計回りの 360°方式で表現する。

> 例　What is your present course and speed?
> 　　My present course is 035 degrees, my speed is 15 knots.
> 　　☞ 貴船の現在の針路・速力は？
> 　　　☞ 本船の現在の針路は 35 度，速度は 15 ノットです。

〔注〕針路も方位も 3 桁まで可能なので，2 桁の場合は 012 degrees，1 桁の場合は 003 degrees，0 度の場合は，000degree と言う。例えば真北に針路をとりたい場合の操舵号令は，Steer 000 (zero, zero, zero). である。

1.14　距離の表わし方

距離はなるべく海里（nautical mile）もしくはその 10 分の 1 にあたるケーブル（cable）で表す。それが適切でないときは，キロメートル（kilometre）やメートル（metre）で表す。単位は誤解を避けるため常につける。

📖 解説：nautical mile は面倒なので，船上では普通 mile と言うが，SMCP では nautical mile を使用することを推奨している。本書の日本語訳では，これに合わせて「海里」を使う。船との距離，進んだ距離などを表すのは常に mile や cable で，metre は，例えば「あと 2 メートル前に出ろ」とか「パイロットラダー（水先案内人が乗下船する際に使用する縄梯子）を海面から 1 メートルまでおろせ」とかいうような場合に使われる。

　mile, cable, metre, kilometre, knot, degree などの単位は，0 と 1 以外の数（1 以下の小数点の数も含む）がつくときには複数になる。1 mile, 5 miles, 0.1 metres, 23.5 knots 。
　日本人はこの複数の -s を落とすことが多いので注意を要する。
　また metre の発音は「メートル」ではなく/miːtə/「ミータ」である。metre は英国式の綴りで，アメリカ綴りでは meter となる。最後の音節はアメリカ英語では r の音色を帯びて長めに発音され，どちらかと言えば「みーたー」と聞こえるが，イギリス英語では「みーた」に近い。
　kilometre ではアクセントにも注意する。イギリス英語では，/kɪləmiːtə/ と最初の音節にアクセントを置く人と，/kɪlɔmitə/ 第 2 番目の音節にアクセントを置く人がいる。アメリカ英語ではもっぱら第 2 音節にアクセントがおかれ，「きろみたー」が一般的である。これは「〜を測る機械」を表す語尾 –ometer で終わる以下のような単語において，o の部分に第一アクセントが置かれることからの類推による。thermometer /θəːmɔmitə/（温度計），barometer /bərɔmitə/（気圧計），anemometer /ænimɔmitə/（風力計）。
　1 海里は 1852 メートル（1 に 7 を順に足していったときの 1 の位の数と覚える）で，これは子午線上での 1 分（1 度の 60 分の 1），すなわち緯度の 1 分に相当する距離である。海図上にはかならず緯度・経度が示されているので，特別な縮尺がなくともすぐに距離がわかる利点がある。
　陸上でのマイル（land mile と呼ぶこともある）は約 1.6 キロで，1 海里より短いが，これは 1 マイルを決定する際に基準とした子午線の長さの測定に誤差があったためである。
　測定方法の進歩に伴い実は子午線は思っていたより長いと判明した際，陸上

では1マイルの長さを変えるのは面倒なのでやめ，子午線の1分が1マイルという関係を犠牲にした。しかし海事関連ではこの関係が大切なので，1マイルの長さを伸ばしたわけである。

1.15 速力の表わし方

速力はノット（knot）で表されるが，特に断らない限り，対水速度（speed through the water）を意味する。また，対地速度（speed over the ground）と言うときは，陸地に対する速度を表す。

📖解説：精密な測定機器のなかった時代には，砂時計と一定の間隔で結び目（knot）をつけたロープを使って速度を測っていた。このロープを海中に投じ，一定の時間に結び目がいくつ出て行くかを目安にしたわけである。今日でも船の速度に結び目という意味の knot が使われるのは，その名残である。

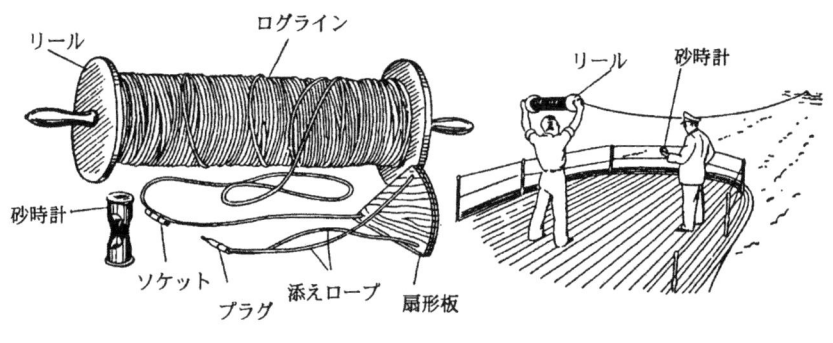

ハンドログ

対水速度とは，船と海水とがなす相対的な速度で，船に固定された測定器具を海水がどれぐらいの速度で通過しているかを計測して求める。対地速力は陸上の定点を基準にした船の速度のことである。2ノットの潮流に逆らって一定の場所に留まっている船があったとすると，その対水速力は2ノットとなるが，対地速力は0である。

1.16 時刻の表わし方 🎧9

　時刻は協定世界時(UTC)による 24 時間表示で表す。時間の数字は一つずつ区切って読み，最後に hours をつける。時間や分の部分が一桁の場合，08:30 (zero eight three zero と読む)のようにゼロをつける。

　港などでは現地時間（local time）を使うこともあり，誤解を避けるため UTC か local time かを常に明示する。UTC は Universal Time Coordinated の略で，/juːtiːsiː/「ユーティーシー」と読む。UTC は経度 0 度の時刻で，かつての Greenwich Mean Time (GMT) に相当する。(Greenwich は「グリニッジ」と発音する。)

例	My ETA at Pilot Station is 08:30 hours [UTC / local time]. ☞ 本船のパイロットステーションへの到着予定時刻は[UTC・現地時間]8 時 30 分。

1.17 地　名

　地名は海図上に載っているものか，使用されている水路誌（Sailing Directions）に載っているものを使用すべきである（水路誌とは海図を補う航海の案内書）。

1.18 助動詞 may, might, should, could, および can の用法

　これらの助動詞は文脈によって様々な意味を持ち，その結果生じた誤解のために事故が起こっている。そのため SMCP では次のような言い方を義務付けている。

1.18.1　may, can

日常会話では許可を求める際に May / Can I ~?という表現は大変一般的であるが，SMCP では例えば航路に入る許可を求める際に，[May / Can] I enter the fairway?　You [may / can] enter the fairway. とは言わない。代わりに「許可」にあたる permission を使って，以下のように言う。

> [例]　QUESTION. Do I have permission to enter the fairway?
> 　　　ANSWER. You have permission to enter the fairway.
> 　　　☞ [質問] 本船には航路に入る許可がおりていますか？
> 　　　☞ [回答] 貴船には航路に入る許可がおりています。

1.18.2　**might**

何かをするつもりなら，I might enter the fairway. のようなあいまいな表現は使わない。これでは「航路に入るかもね。」といった意味になってしまう。はっきりと自船の意向を示し，以下のように言う。

> [例]　INTENTION. I will enter the fairway.
> 　　　☞ [意向] 本船は航路に入る。

1.18.3　**should**

日常会話で You should ~. は普通に使われる忠告の表現だが，SMCP では You should anchor in anchorage B3. のような表現は避ける。はっきりと忠告であることを示し，以下のように言う。

|例| ADVICE. Anchor in anchorage B3.
☞ [忠告] 錨地 B3 に投錨せよ。

1.18.4 could

　一般の会話においては，たとえどんなに相手が間違っているという確信があっても，それを面と向かって指摘する場合には，You could be wrong.「あなたが間違っていることもありえますよね。」のように could を使うことがあるが，SMCP では　You could be running into danger. というような持って回った表現は避け，以下のように言う。

|例| WARNING. You are running into danger.
☞ [警告] 貴船は危険に向かっている。

Lesson 2
船の情報の通報

この課では，出入港時などに自船に関する情報(船名，信号符字，最終寄港地，速度，針路，喫水など)を，航路管制局(VTS：Vessel Traffic Service)に通報する際に使われる表現を学習する。

2.1 信号符字 ◎10

What is the name of your vessel and [call sign / identification]?
  The name of my vessel is X, [call sign / identification] Y.
    ☞ 貴船の船名および信号符字は？
      ☞ 本船の船名は X，信号符字は Y。
Spell the name of your vessel.
    ☞ 貴船の船名をアルファベットで一文字ずつ綴れ。

📖 解説：船舶には船名の他に固有の無線通信上の信号符字（call sign もしくは identification）がある。船名のみを伝えたのではコミュニケーションに支障がでる可能性があるが，アルファベットと数字（東京商船大学練習船汐路丸の場合 JG4644）のみを組み合わせた信号符字を使ってそれを一文字ずつ Juliet, Golf, four, six, four, four のように読んでいけば，誤解が生じにくい。

日本船籍の船舶の信号符字は J で始まる。船には船名録を置かねばならず，これを見れば信号符字から船名，その他の情報が得られる。

船名を告げる際に「しおじまる」のように発音した場合，相手が日本人ならおそらく正しく伝わるが，外国の港などでは正しく聞き取れないおそれがある。そこで相手に一文字ずつ発音して欲しければ，Spell the name of your vessel. と言う。先手を取って，The name of my vessel is Shioji-maru, Sierra, Hotel, India, Oscar, Juliet, India, Mike, Alfa, Romeo, Uniform. のように綴ってしまうことも可能である。

VTS ステーション（東京湾で言えば東京マーチス（Tokyo Martis）や横浜ポートラジオ（Yokohama Port Radio））に自船の到着を知らせる場合は，VHF の 16 チャンネルで以下のように言えばいい。

Tokyo Martis, Tokyo Matis, this is Seiun-maru, Seiun-maru, call sign Juliet, Juliet, Romeo, Quebec. How do you read me? Over.

2.2 旗　　国　◎11

> What is your flag state?
> 　My flag state is [Japan / Panama / Liberia].
> 　　☞ 貴船の旗国は？
> 　　　　☞ 本船の旗国は[日本・パナマ・リベリア]。

📖 解説：船舶はどこかの国の管轄官庁に登録しなければならない。その登録された国の旗を立てて船は走ることになるわけで，それが flag state である。船を運航して稼いだお金にかかる税金，船員に対する規制などの理由から，外国に登録することがあるが，これが便宜置籍（べんぎちせき）で，flag of convenience と呼ばれる。もっとも有名なのが Panama と Liberia で，日本の船会社の船も多くが便宜置籍船である。

2.3 位置・針路・速力 🌀12

> What is your position?
>   My position is P.
>   ☞ 貴船の位置は？
>   ☞ 本船の位置は P。
> What is your present course and speed?
>   My present course is X degrees, my speed is Y knots.
>   ☞ 貴船の現在の針路，速力は？
>   ☞ 本船の現在の針路は X 度，速力は Y ノット。
> What is your [full speed / full manoeuvring speed]?
>   My [full speed / full manoeuvring speed] is X knots.
>   ☞ 貴船の[最大・最大操船] 速力は？
>   ☞ 本船の[最大・最大操船] 速力は X ノット。
> From what direction are you approaching?
>   I am approaching from D.
>   ☞ 貴船はどちらの方向から接近してくるのか？
>   ☞ 本船は D から接近している。
> Are you underway?
>   Yes, I am underway.
>   No, I am not underway.
>   I am ready to get underway.
>   ☞ 貴船は航行中か？
>   ☞ はい，本船は航行中。
>   いいえ，本船は航行中ではない。
>   本船は航行準備が整っている。

📖 **解説**：船の最大速力は，太洋に出て一定の速度で航行する場合と，頻繁に速度や方向を変える必要のある操船時（たとえば出入港の場合など）とで異なる。前者は最大速力（full (sea) speed あるいは full navigation speed）と呼ばれ，後者は 最大操船速力（full manoeuvring speed あるいは harbor speed）と呼ばれる。これらの速度は船によって決まっている。

東京商船大学の練習船汐路丸の場合，前者が約 15 ノット，後者が約 12 ノットである。差はわずか 3 ノットほどであるが，エンジンにかかる負担は大きく違い，さらに最大操船速力の 12 ノットで前進していれば，緊急回避のために全速後進をかけることも比較的容易であるが，15 ノットでは機関を損傷する危険がある。

このように全速前進から全速後進（車で言えば急ブレーキにあたる）をかけることを，緊急停止（crash astern もしくは crash astern manoeuvre）と言う。

2.4 　目的地および寄港地 🎧13

> What is your [port of destination / destination]?
> 　　My [port of destination / destination] is X.
> 　　　　☞ 貴船の[目的港・目的地]は？
> 　　　　　　☞ 本船の[目的港・目的地]は X。
> What was your last port of call?
> 　　My last port of call (was) X.
> 　　　　☞ 貴船の最終寄港地は？
> 　　　　　　☞ 本船の最終寄港地は X。

📖 **解説**：最終寄港地は検疫や航路管制などの関係から重要な情報である。参考のため，世界の代表的な港の名前と発音の表を載せておく。

⚓ 世界の代表的な港

Hong Kong	/hɔŋkɔŋ/
Karachi	/kərɑːtʃi/
Singapore	/sɪŋgəpɔː/, /sɪŋgəpɔː/
Inchon	/intʃɔn/
Kaohsiung	/kauʃiuŋ/
Melbourne	/melbən/, /melbɔːn/
Perth	/pəːθ/
San Francisco	/sænfrənsɪskou/
Boston	/bɔstən/
New York	/njuːjɔːk/
Baltimore	/bɔːltɪmɔː/
Portsmouth	/pɔːtsməθ/
Southampton	/sauθæmptən/
Le Havre	/lə (h) ɑːvr (ə)/
Marseille	/mɑːsei/
Hamburg	/hæmbəːg/
Aberdeen	/æbədiːn/
Rotterdam	/rɔtədæm/

2.5 到着および出発予定時刻 ◎14

> What is your ETA in position P?
>   My ETA is T UTC.
>   ☞ 貴船の位置Pへの到着予定時刻は？
>   ☞ 本船の位置Pへの到着予定時刻は，UTC T時．

> What is your ETD from X?
> My ETD from X is T UTC.
> ☞ 貴船のXからの出発予定時刻は？
> ☞ 本船のXからの出発予定時刻は，UTC T時。

📖 **解説**：ETA, ETDは「イーティーエイ」「イーティーディー」と発音し，Estimated Time of [Arrival / Departure]の略号である。

　［パイロットステーション・桟橋・目的地・錨地］への到着予定時刻なら前置詞atを使い，ETA at [the pilot station / the berth / the destination / at the anchorage]のように言えばよいだろう。SMCPでは時間の表現に一貫してUTCを用いることを勧めているが，出発や到着の際は現地時間(local time)を使うことも多い。

　なおlocal /loukəl/の発音は，日本語の「ローカル」よりむしろ「ローコー」に近いので，聞き取りの際には注意する。

2.6　喫水・乾舷・エアドラフト・余裕水深 ◎15

> What is your draft [forward / aft]?
> My draft [forward / aft] is X metres.
> ☞ 貴船の[船首・船尾]喫水は？
> ☞ 本船の[船首・船尾]喫水はX メートル。
> What is your present maximum draft?
> My present maximum draft is X metres.
> ☞ 貴船の現在の最大喫水は？
> ☞ 本船の現在の最大喫水はX メートル。
> What is your [freeboard / air draft / under-keel clearance]?
> My [freeboard / air draft / under-keel clearance] is X metres.
> ☞ 貴船の[乾舷・エアドラフト・余裕水深]は？
> ☞ 本船の[乾舷・エアドラフト・余裕水深]はX メートル。

Do you have any [deficiencies / restrictions]?

No, I have no [deficiencies / restrictions].

Yes, I have the following [deficiencies / restrictions]:

I am constrained by draft.

The maximum permitted draft is X metres.

☞ 貴船には何らかの[欠陥・制限]があるか？

☞ いいえ，本船には何の[欠陥・制限]もない。

はい，本船には次に述べる[欠陥・制限]がある。

本船は喫水によって動きが制限されている。

最大許容喫水はXメートルである。

📖 **解説**：喫水は座礁（海底に乗り上げてしまうこと）を避けるために重要な情報である。

船舶が橋の下を通る際には，エアドラフト（船の高さ）が重要になる。乾舷は水先人の移乗の際にも大切な情報である。大型タンカーなどの場合，原油を満載すると喫水が大きくなるので，水深の浅い海域では著しく動きが制限される。

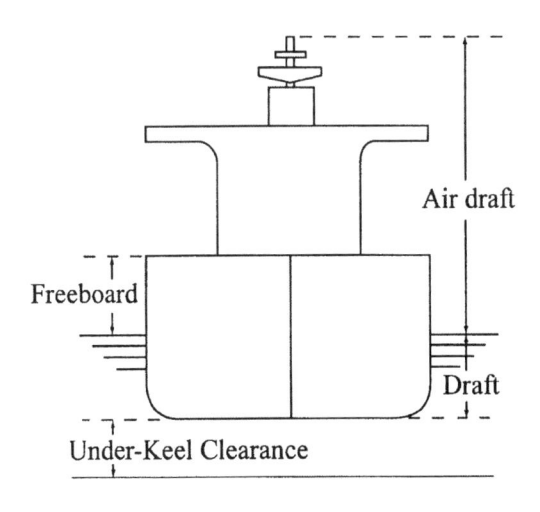

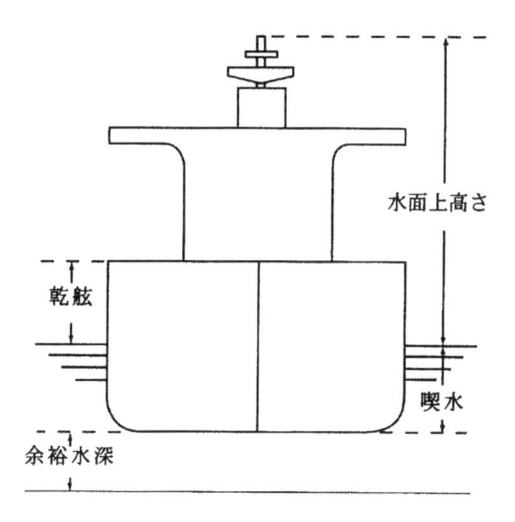

（図：水面上高さ、乾舷、喫水、余裕水深）

　中東で原油を積んで日本に戻る場合，当然最短距離であるマラッカ海峡を通ることが多いが，喫水の関係で通行可能な航路は著しく限定され，速度も落ちる。under-keel clearance（UKCと略することが多い）が2メートルぐらいということもある。

2.7　積　　荷　🄰16

> What is your cargo?
> 　　My cargo is X.
> 　　　　☞ 貴船の積荷は何か？
> 　　　　　　☞ 本船の積荷は X です。
> Do you carry any dangerous goods?
> 　　Yes, I carry the following dangerous goods:
> 　　　　X [kilogrammes / tonnes] IMO Class Y.
> 　　No, I do not carry any dangerous goods.
> 　　　　☞ 貴船は何か危険な積荷を運んでいるか？

> ☞ はい，本船は次に述べる危険な積荷を運んでいる：
> X[キロ・トン]の IMO クラス Y。
> いいえ，本船は危険な積荷は何も運んでいない。

〔注〕SMCP では「積荷」に対して cargo と goods という単語が使われているが，cargo は積荷全体に言及し不可算名詞として使われ，goods は個々の積荷に重点をおき常に複数扱いになる。

📖 解説：IMO では International Maritime Dangerous Goods Code（IMDG code）「国際海上危険物規則」を発行し，危険物をクラス1からクラス9に分類して，その取り扱い方法などについて定めている。例えば IMO Class 1 には爆発物が，Class 2 にはガス類が含まれる。

特殊な荷を運ぶために作られた船の場合は，そのタイプを述べても答えになる。I am a tanker. といえば当然積荷は crude oil（原油）ということになるし，I am an LNG carrier. なら積荷は液化天然ガス（Liquefied Natural Gas）であろう。参考のため以下に，様々な船の呼び名をまとめておく。

❀ 船のいろいろ 🎧 16

container ship	コンテナ船	bulk carrier	バラ積み船
fishing boat	漁　船	general cargo ship	一般貨物船
LNG carrier	LNG 船	ore carrier	鉱石船
passenger ship	客　船	PCC（Pure Car Carrier）	自動車専用船
sailing ship	帆　船	tanker	タンカー
training ship	練習船	VLCC（Very Large Crude Oil Carrier）	

コンテナ船▶

◀LNG船

PCC▶

2.8 傾　　き ◎17

Do you have any list?
　　Yes, I have a list to [port / starboard] of X degrees.
　　No, I have no list.
　　　☞ 貴船は傾いているか？
　　　　　☞ はい，本船は[左舷・右舷]に X 度傾いている。
　　　　　　　いいえ，傾きはない。

> Are you on even keel?
>   Yes, I am on even keel.
>   No, I am trimmed by the [head / stern] by X metres.
>   ☞ 貴船はイーブン・キールか？
>   ☞ はい，本船はイーブン・キール。
>   いいえ，本船は X メートル[おもて・とも]トリム。

📖 **解説**：船の左右の傾きを list もしくは heel，前後の傾きを trim という。

list（heel）は度数で表し，clinometer（傾斜計）で測る。trim は船首・船尾の喫水の差で，メートルで表す。船尾喫水が 10 メートル，船首喫水が 9 メートルの時，この船は 1 メートルの船尾ト

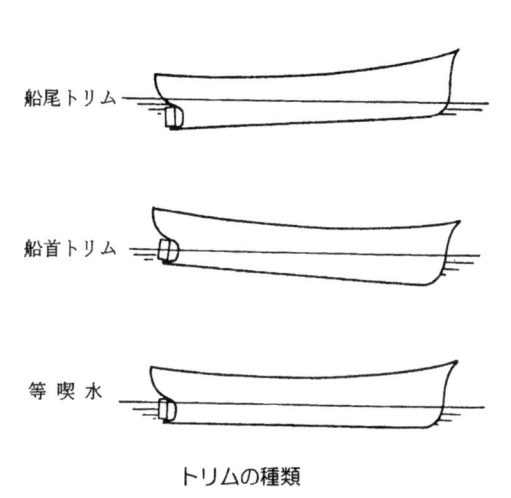

船尾トリム

船首トリム

等喫水

トリムの種類

リムあるいは「ともトリム」(trimmed by the stern by one meter) ということになる。

逆は船首トリム（by the head）あるいは「おもてトリム」と言う。「おもて」とは船首，「とも」とは船尾を指す日本の海事用語である。日本語の「まともに」という表現は，帆船が風を船尾の方向から受ける状態を表す表現に由来している。これでは一番後ろの帆にしか風が当たらず，推進効率が悪い上，操船がしにくく，「まともに」が悪いことに使われるのはそのためである。

Lesson 3
操舵号令・機関号令およひ当直の引継ぎ

　この課では，当直航海士が船橋で操舵や機関に関する命令(オーダー)を出す際に使われる表現と，当直の引継ぎの際に使われる表現を学習する。操舵号令や機関号令は，日本の商船でも，英語をそのまま日本語式に発音した用語を多用している。

3.1　操舵号令 🔘18

3.1.1

　以下の操舵号令に関しては，日本の船でも英語をそのまま使っている場合が多い。当直航海士が操舵号令を出したら，操舵手はそれを復唱してから実行する。復唱の際には Sir をつける。航海士が女性の場合には Ma'am という。

号令	内容
Midships	舵を0度にする
[Port / Starboard] X	[左・右]舵角 X 度にする
	大型船の場合，X は5度刻みで，5，10，

	15，20，25 を使うことが多い。 舵角は five, ten, fifteen, twenty, twenty-five と読む（Lesson 1 の 10 を参照）
Hard-a-[port / starboard]	[左・右]に曲がるよう舵を最大に切る 最大の舵角は船にもよるが大体 30 度ぐらいである。
Ease to X	舵角を X 度に戻して保つ
Steady as she goes	このオーダーが出た時点での方位を維持する 操舵手はその方位に達した時点で，Steady on X, Sir と報告する。

3.1.2

以下の操舵号令は SMCP にあるが，日本の商船では使われていない。

号令	内容
Meet her	船の回頭をゆっくり止める
Steady	船の回頭をオーダーが出た時点で出来るだけ早く止める
Nothing to [port / starboard]	船首を[左・右]に振らないようにする

3.1.3 その他

Keep the [buoy / mark / beacon / X] on [port / starboard] side.
Report if she does not answer the wheel.
Finished with wheel, no more steering.

☞ [ブイ・物標・ビーコン・X]を[左舷・右舷]に見て通過せよ。

> 舵がきかなくなったら報告せよ。
> 操舵終わり。

3.1.4 変針号令

針路の変更をコースを指定して行う場合には，現在の針路から見て舵を左に切るか，右に切るかをまず指定し，次に目標とする針路を指定して，以下のようにオーダーする。

> Port, steer 182（one eight two と読む）
> Starboard, steer 082（zero eight two と読む）

針路は 360 度すなわち 3 桁まで可能なので，100 や 10 の位がない場合にはゼロを入れて読む（Lesson 1 の 11.1 を参照）。このオーダーを受けた操舵手は号令を繰り返した後（例えば Port, steer 182, Sir.），船をゆっくりとその針路に合わせ，針路が定まったら，Steady on 182, Sir. のように告げる。

steer の発音であるが，英語では /stɪə/「スティア」である。日本では「ステアリング」などにつられて「ステア」という発音も聞かれるが，これでは stare「見つめる」になってしまう。

また特定の物標に向かって針路を取りたい場合には，Steer on X と言えばよい。

3.2 機関号令 ◎19

3.2.1

号令	内容
Full [ahead / astern]	全速で[前進・後進]
Half [ahead / astern]	中速で[前進・後進]
Slow [ahead / astern]	低速で[前進・後進]

Dead slow [ahead / astern]	微速で[前進・後進]
Stop engine	機関を停止する
Emergency full [ahead / astern]	緊急時のための全速力で[前進・後進]
Stand by engine	機関を操作できるよう機関室・ブリッジとも配置につく

📖 **解説**：最後のスタンバイエンジン以外の号令は船橋にあるテレグラフに対応しており，船橋でこれを操作すると，機関室の制御室にあるテレグラフが連動して動き，命令が伝わる。機関士はこれに応じて機関の出力を調整する。

車のエンジンと違い，舶用機関は暖機に時間がかかり，出港のかなり前から準備を始めなければならない。暖機が終わり，いざ出港というときにかかるオーダーがスタンバイエンジンである。低速で岸壁を離れ，徐々に出力を上げていき，港から出る航路（ここでは交通量が多く，速度を変える可能性が高い）も通り抜け，太洋にでてあとは full ahead でエンジンを回し続けるだけでよくなると，日本では「リングアップエンジン」というオーダーがなされるが，SMCP には含まれていない。テレグラフでオーダーが伝えられる際にはベルのような音が鳴るが，そのベルを鳴らすのをやめるというところから，ring up engine と言うものと思われる。

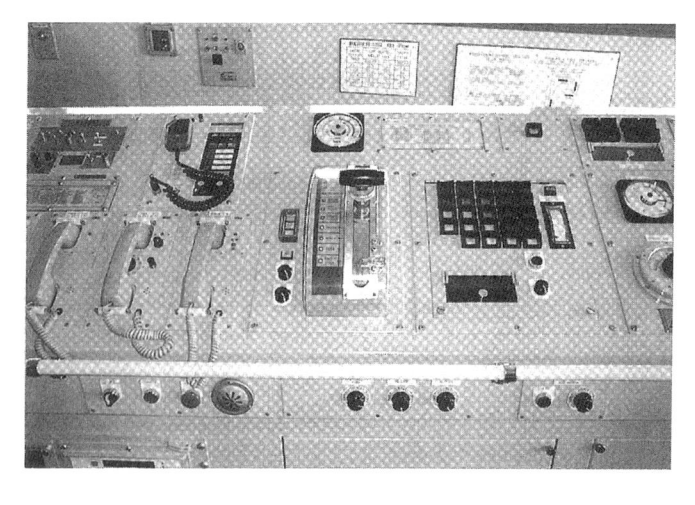

3.2.2

　スクリューのことを海事関係ではプロペラ (propeller) と呼ぶが，このプロペラが2つある船では，それぞれのプロペラを動かすエンジンがあるので，どちらか一方のエンジンにのみに対するオーダーか，両方のエンジンに当てはまるオーダーかを指定して，以下のように言う。

> [Port / Starboard] engine full ahead. もしくは Full ahead [port / starboard].
> Both engines dead slow astern. もしくは Dead slow astern both.
> Stop [port / starboard] engine.
> Stop all engines.

3.2.3

　船が港に入り，機関を停止する際には，以下のようにオーダーする。

> Finished with engine ― no more manoeuvring.

3.3　スラスターに関する号令 ◎20

> [Bow / Stern] thruster [full / half] to [port / starboard]
> [Bow / Stern] thruster stop
> 　　☞ [船首・船尾]スラスター[全速・半速]で[左舷・右舷]へ
> 　　　[船首・船尾]スラスター停止

📖 解説：船は低速で航行すると舵利きが悪くなる。そこで着桟（ちゃくさん）や離桟（りさん）（桟橋に船をつけたり，桟橋から離れること）のため低

速で航行する際に操船の補助ができるよう，スラスターを備えた船もある。船尾はプロペラと舵がついていて低速でも操船しやすいが，船首の操作は低速時に困難になる。そのためスラスターを船首（これを bow thruster と呼ぶ）につけることが多いが，さらに船尾にもつけた（これを stern thruster と呼ぶ）船もある。スラスターを起動することで低速時に船を左右の方向に動かすことができるようになる。

3.4 当直の引継ぎ

士官の当直（船橋に入って操船すること）は，1回4時間の1日6交代制で行われる。日本の商船では，0時から4時および12時から16時の当直を「ゼロヨン直（ちょく）」，4時から8時および16時から20時の当直を「ヨンパー直」，8時から12時および20時から0時の当直を「パーゼロ直」と呼んでいる。当直の間，当直航海士は一時たりとも船橋を離れず，船の安全な航行に全責任を負う。航海士はオーダーを出すだけで，実際に操舵するのは操舵手である。なおキャプテンは通常の当直には立たず，出入港時や，操船が難しい海域（海峡など）を航行する際，また気象・海象などにより危険が伴うような場合にのみ，船橋に立って指揮をとる。

当直の引継ぎにあたっては，当直開始15分ほど前から次直（次に当直する者）が船橋に赴き，夜間であれば暗闇に目を慣らし，付近の状況の把握に努める。夜間の航海では灯台の明かりや，付近の船舶の航海灯（大型船の場合，舷灯と呼ばれる左舷の紅，右舷の緑の灯火，白色のマスト灯および船尾灯からなる）を認識する必要があるため，ブリッジは真っ暗にしてある。航海灯は車のヘッドライトのように付近を照らすためではなく，他の船に自船の位置や進行方向を知らせるためにある。例えば両方の舷灯とマスト灯が見えれば，その船はこちらに向かって進んでいることになるし，マスト灯と紅の舷灯が見えれば，左舷をこちらに向けて前方を横切ろうとしていることがわかる（Lesson 7 の 3 を参照）。

当直を引き継ぐ際に報告することがらは，各船のしきたりや，置かれている

状況によって異なるが，船の位置，コース（ジャイロコースとマグネットコース，さらに charted course と呼ばれるあらかじめ海図に鉛筆で示された予定の針路を報告する場合もある），船の速度（対水速度・対地速度），風向，風力などの気象・海象に関する情報の他に，付近を航行中の船舶の状況と standing orders と呼ばれる，当直の際に従うべきキャプテンからの指示などの情報が伝えられる。船の位置，コース，速度に関する表現はすでに学習してあるので，ここでは，当直の引継ぎの際に必要なその他の表現について学習する。

3.4.1 当直の引継ぎの宣言 ◎21

[You / I] have the watch now.

📖 解説：船橋にあっては，常に誰が責任をもって操船しているのかを，明確にしておく必要がある。そのため，当直を次直に引き継ぐ航海士は，次直に向かい You have the watch now. と言い，当直を引き継いだ航海士は，これに続けて I have the watch now. と言う。

　キャプテンが船橋に行き，当直中の航海士の代わりに操船する際には，キャプテン自らが，I have the watch now. と宣言し，当直航海士は You have the watch now. と言い，これを確認する。

3.4.2 付近の船舶に関する情報

3.4.2.1 ◎21

A vessel is overtaking D of us.
A vessel is on opposite course.
A vessel is passing on [port / starboard] side.
A vessel is crossing from [port / starboard] side.
A vessel D of us is on the same course.

> 本船の D 側に追い越し船あり。
> 反航船あり。
> ［左舷・右舷］を通過する船舶あり。
> ［左舷・右舷］前方に横切船あり。
> 本船の D 側の船舶は同じ針路。
> 　　　（D には West, South などの方位が入る）

📖 　解説：当直の引継ぎの際には，付近の船舶の中で衝突を避ける上で注意すべきものに言及する。当然反対の方向からこちらに向かってくる船や，自船の前を横切ろうとしている船，追い越したり，すれ違おうとしている船が重要になってくる。

　1972 年に制定された International Regulations for Preventing Collision at Sea『海上における衝突の予防のための国際規則』は，複数の船舶の間に衝突の危険が生じた際に，どのように回避行動をとらねばならないかを定めている。（この規則はしばしば *Col*lision Avoidance *Reg*ulations と呼ばれ，その略称の COLREGS という表現が使われることがある。この規則は，わが国では海上衝突予防法として適用されている。）

　COLREGS によれば，2 隻の船舶が互いに他の針路の前を横切り，同じ針路，速力を維持すれば衝突の危険がある場合には，相手を右舷側に見た船（これは避航船と呼ばれる）に回避行動をとる義務があり，もう一方の船（保持船と呼ばれる）は，針路，速力を保たねばならない。通常は避航船が右に舵を切り，保持船の後方を十分な距離をおいて通過するようにする。横切りの状態が生じた場合には，衝突の危険があるのか，あればどちらが避航船でどちらが保持船か，自分が保持船なら相手が回避行動をとったか，自分が避航船なら適切な回避行動をとったか，などが重要になる（Lesson 1 の 3.7 を参照）。

3.4.2.2 🔘 22

> The vessel …
>   [will give way / has given way / has not given way yet].
>   is standing on.
>   need not give way.
>   will pass X [kilometres / nautical miles] [ahead / astern].
>   ☞ 相手は
>   [避航するだろう・避航した・まだ避航していない]。
>   針路・速力を保持している。
>   避航の必要なし。
>   本船の[前方・後方] X [キロ・海里]を通過する見込み。
> We …
>   [will alter / have altered] course to give way.
>   will stand on.
>   need not give way.
>   ☞ 本船は
>   避航のため針路を[変更する・変更した]。
>   針路・速力を保持する。
>   避航の必要なし。

3.4.2.3 🔘 23

> The bearing to the vessel in X degrees is constant.
> I will complete the manoeuvre.

> There is [heavy traffic / X] in the area.
> There are [fishing boats / X] in the area.
> There are no dangerous targets on the radar.
> Attention. There are dangerous targets on the radar.
> ☞ あの船の方位はX度で変化なし。
> 　私がこの操船を最後までやる。
> 　この海域には[船舶が多い・Xがある]。
> 　この海域には[漁船・X]がある。
> 　レーダ上に危険なターゲットはない。
> 　注意。レーダ上に危険なターゲットがある。

📖 解説：横切り船と衝突の危険があるか否かを判断する際には，自船のコンパスで相手の船の方位を確認し，それが常に一定か否かで判断する。もしも一定なら衝突することになる。

車と異なり船は急に止まれないし，舵を切っても船が曲がり始めるには時間がかかる。船が大きくなればなるほど，緊急停止までの時間や，舵がきき始めるまでの時間は長くなる。このような特性から，航海士は付近の船舶の動向を速やかに認識し余裕をもって対応をとることで，互いに距離をとろうと努める。

3.4.3　気象・海象に関する情報 ◉24

> A [weak / strong] [tidal current / current] is setting X degrees.
> The wind is D, force Beaufort X.
> The wind [increased / decreased] (within last X hours).
> The wind changed from D_1 to D_2.
> Visibility is expected to [decrease / increase] to X [kilometres / nautical miles] (within Y hours).
> The barometer is [steady / dropping (rapidly) / rising (rapidly)].
> There was a [gale / tropical storm] warning for the area X at T UTC.

> [弱い・強い][潮流・海流]がX度の方向に向かっている。
> 風向D，風力X。
> 風は（ここX時間で）[強まった・弱まった]。
> 風はD_1からD_2に変化した。
> 視程はY時間内にX[キロ・海里]に[減少・増加]する見込み。
> 気圧計の読みは[一定して・（急速に）下がって・（急速に）上がって]いる。
> 海域Xに対して[強風・熱帯性暴風]警報がUTC T時に発令された。

📖 解説：潮流や風は船の針路に大きな影響を与えるため，重要な情報である。コンパス上の針路を例えば0度に維持して航行を続けても，西から強い風が吹きつづければ，船は東の方に流されることになる。結果として針路が3度ずれたとすると，この3度の針路のことをcourse made good（実際にとった針路で，日本語でもコースメードグッドと言う）と呼び，We are making 3 degrees leeway.「leewayが3度ある。」のように表現する。

　航海士は現在の気象・海象よりも（それは見ればある程度わかる），どのような経緯を経てその状態に至ったかに興味がある。過去の変化によって今後の傾向が予想できるからである。そこでこの課では，変化に関する表現に重点を置いた。気象・海象に関する表現は第10課でさらに詳しく学習する。

3.4.4　スタンディングオーダー 🎧25

> Standing orders for the period from T_1 to T_2 UTC are:
> Standing orders for the area X are:
> Take notice of changes in the standing orders.

> ☞ UTC T_1 時から T_2 時の間のスタンディングオーダーは…。
> 海域 X におけるスタンディングオーダーは…。
> スタンディングオーダーの変更に注意せよ。

Do you understand the standing orders?
　　Yes, I understand the standing orders.
　　No, I do not understand. Please explain.

> ☞ スタンディングオーダーは理解しているか？
> 　☞ はい，スタンディングオーダーを理解しています。
> 　　いいえ，分かりません。説明してください。

[Read / Sign] the standing orders.

> ☞ スタンディングオーダー[を読みなさい・にサインしなさい]。

📖 解説：通常のオーダーは，その場で実行されればそれで終わりだが，一定の期間常に有効である（これが standing の意味）キャプテンからのオーダーが複数集まったものが，standing orders である。これは通常ノートなどに書いて船橋に置いておく。航海士は当直に入る前にこれを読み，それに従う。

　特定の海域を通行する際に注意するべきことがら，予想される気象・海象に対する対応の仕方など，様々なオーダーがスタンディングオーダーの形で伝えられる。SMCP に具体例は乏しいが，Call the Master if …. 「もし〜なら，キャプテンに連絡すること。」は，よく使われる形式である。例えばある海域に霧が発生することが予想されていれば，「視程が 3 海里に悪化したら，キャプテンに連絡すること。」Call the Master if visibility is reduced to 3 nautical miles. のように書いておくわけである。

　船ではお互いを階級で呼びあう。日本の商船では，キャプテンが一般的な船長に対する呼びかけの際の言い方であるが，イギリス英語では商船の船長を

master, 軍艦の艦長を captain と呼んで区別する。アメリカではどちらも captain である。ちなみに1等（2等, 3等）航海士はどちらの英語でも, chief (second, third) mate と呼ぶ。(日本では mate ではなくオフィサーが一般的なようである。)

Lesson 4
投錨・抜錨・錨泊

船を停泊するには，錨を入れる方法と，接岸してロープで岸に泊める方法がある。この課では，錨を使って船を停泊したり，錨を上げて航海を始める際に使われる表現を学習する。

4.1 投錨・錨泊（船外通信）

4.1.1 ⊚ 26

You must anchor [at T UTC / in a different position / clear of fairway].

You must anchor until the pilot arrives.

Do not anchor in position P.

Anchoring is prohibited.

You must heave up anchor.

You are at anchor in a wrong position.

☞ 貴船は[UTC T時に・別の位置に・航路を避けて]投錨せよ。

貴船はパイロット到着まで錨泊しなくてはならない。

位置Pには投錨するな。
錨泊は禁じられている。
貴船は揚錨しなければならない。
貴船の錨泊の位置は間違っている。

4.1.2 ❂ 27

Have your crew on stand by for heaving up anchor when the pilot embarks.
You have permission to anchor (at T UTC) [in position P / until sufficient water].
You have permission to anchor until [the pilot arrives / the tugs arrive].
You are obstructing [the fairway / other traffic].

☞ パイロット乗船時に揚錨のため乗組員を配置につけろ。
貴船は[位置Pに・十分な水深が得られるまで](UTC T時に)錨泊してよい。
貴船は[パイロット到着・タグ到着]まで錨泊してよい。
貴船は[航路・他船の通行]を妨害している。

4.1.3 ❂ 27

Are you [dragging / dredging] anchor?
　Yes, I am [dragging / dredging] anchor.
　No, I am not [dragging / dredging] anchor.

> ☞ 貴船は［走錨して・錨を引いて］いるか？
> > ☞ はい，本船は［走錨して・錨を引いて］いる。
> > いいえ，本船は［走錨して・錨を引いて］いない。

Do not dredge anchor.
> > ☞ 錨を引いてはならない。

📖 解説：drag anchor（走錨）とは，風・波が強く，錨が把駐力（海底を錨が掻き，船を繋ぎ止める力）を失い，錨を引きずりながら船が流されてしまうことを指す。走錨すると岸に乗り上げたり，付近に錨泊中の船舶に衝突したりする可能性があり，大変危険である。1900年の洞爺丸の事故も台風による走錨で引き起こされたものである。台風などの気象状況により走錨の危険がある場合には，両舷の錨を入れ錨鎖も長く出すなどして対応し，それでも不安な場合はエンジンをすぐに動かせる状態に保っておくなどの対策をとる。Are you dragging anchor? と聞かれ，Yes, I am dragging anchor. などという会話をしなくていいよう，当直航海士は全力を尽くすわけである。

　dredge anchor（錨を引く）とは，狭い水域での回頭などのため錨を入れて操船の補助をすることで，走錨とは異なる意図的な行為である。

4.2　投錨（船内通信）

4.2.1 🎧 28

> Stand by [port / starboard / both] anchor(s) for letting go.
> Walk out the anchor(s).
> Walk back [port / starboard / both] anchor(s) [one / one and a half] shackle(s).
> Put X shackles [in the water / in the pipe / on deck].

☞ ［左舷・右舷・両舷］投錨準備。
錨を巻き出せ。
［左舷・右舷・両舷］の錨を［1・1.5］シャックル巻き出せ。
［水面・錨口・デッキ］で X シャックルまで錨鎖を延ばせ。

📖 解説：電気等で動く現在のウィンドラス（錨を上げ下げするためのウィンチ）がない時代には，水夫がキャプスタンの周りを歩いて錨を上げ下げしていた。walk out や walk back が錨を巻きだすことを指すのは，この名残である。錨を上げる方向の反対が back にあたる。投錨準備の際には，少し錨鎖を出していつでも錨を落とせるようにするが，Walk out the anchor(s)はこの際のオーダーである。

　錨鎖には取り外しのできるシャックル（shackle）が 25（規格によっては 27.5）メートルごとについていて，これが錨鎖の長さを測る単位となっている。投錨の際，一箇所に留まって錨鎖を下ろすと錨の上に錨鎖が団子状になって絡まる危険があるので，通常ゆっくりと後退しながらまず錨を海底まで落とし，次にシャックル単位で下ろしていく。航海訓練所では海面にシャックルが到達するたびに，何シャックル下ろしたかを X shackle(s) in the water. のように報告している。X が 2 以上の場合は shackles と複数形にする。どれだけ錨鎖を延ばしたかはシャックルを目視して調節するが，X 個めのシャックルがどこま

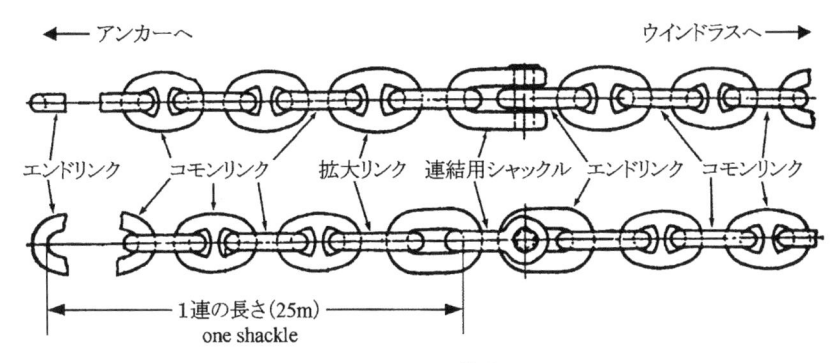

アンカーの構成

で来たら止めるかを指示するのが最後のフレーズである。

また水深の比較的深いところではいきなり錨をレッコすると（ウィンドラスのブレーキを外し錨を自然落下させること）錨を傷める危険があるので、ウィンドラスで錨を保持しながら数シャックルゆっくりと下ろしてから、レッコすることがある。このことも錨を walk back すると表現することがある。（この場合にも walk out を使うことがある。）

4.2.2 🔘 28

We are going to anchorage.

We will let go [port / starboard / both] anchor(s).

We will let go [port / starboard / both] anchor(s) X shackles and dredge [it / them].

☞ 本船は錨地へ向かっている。

　　［左舷・右舷・両舷］の錨をレッコする。

　　［左舷・右舷・両舷］の錨を X シャックル出して引く。

4.2.3 ◉ 28

> Let go [port / starboard / both] anchor(s).
> Slack out the cable(s).
> Check the cable(s).
> Hold on the [port / starboard / both] cable(s).
> ☞ [左舷・右舷・両舷]の錨をレッコ。
> 　錨鎖を繰り出せ。
> 　錨鎖の出るスピードを抑えろ。
> 　[左舷・右舷・両舷]の錨鎖を止めろ。

4.2.4 ◉ 29

> How is the cable leading?
> 　The cable is leading [ahead / astern / to port / to starboard / round the bow / up and down].
> 　　☞ 錨鎖の方向は？
> 　　　☞ 錨鎖は[船首側・船尾側・左舷側・右舷側・船首を巻くよう・真下]に延びている。
> How is the cable growing?
> 　The cable is [slack / tight / coming tight].
> 　　☞ 錨鎖の張り具合は？
> 　　　☞ 錨鎖は[たるんでいる・ぴんと張っている・段々と張ってきている]。

4.2.5 🔊29

> [Is / Are] the anchor(s) holding?
> 　　Yes, the anchor(s) [is / are] holding.
> 　　No, the anchor(s) [is / are] not holding.
> 　　　　☞ 錨は海底を掻いたか？
> 　　　　　　☞ はい，錨は海底を掻いた。
> 　　　　　　　　いいえ，錨は海底を掻いていない。
> Is she brought up?
> 　　Yes, she is brought up in position P.
> 　　No, she is not brought up (yet).
> 　　　　☞ ブロートアップしたか？
> 　　　　　　☞ はい，位置 P でブロートアップ。
> 　　　　　　　　いいえ，（まだ）ブロートアップしていない。

📖 解説：錨鎖を何節（何シャックル）出すかは，気象・海象を考慮に入れながら決める。錨鎖の方向・張り具合などを見ながら入れて行き，予定の長さに達したら錨が海底を掻くまでゆっくりと後退を続ける。錨鎖がぴんと張り詰め，次に緩んだら錨が海底を掻いた状態で（The anchor is holding.），船は brought up したという（She is brought up. の she は自船のこと）。訓練所ではこの状態のとき「ブロートアップアンカー」と言う。

4.2.6 🔊29

> Switch on the anchor light(s).
> 　　Hoist the anchor ball.
> 　　　　☞ 停泊灯をつけよ。
> 　　　　　　球形形象物を掲げよ。

> Check the anchor position by [bearings / X].
> The anchor position is bearing X degrees, distance Y [kilometres / nautical miles] to Z.
> ☞ 錨位を[方位をとって・Xで]確認せよ。
> ☞ 錨位はZに向かってX度，距離Y[キロ・海里]です。
> Check the anchor position every X minutes.
> ☞ 錨位をX分おきに確認せよ。

📖 解説：錨が海底についた時点で船は錨泊したものとみなされる。昼間は「前部に球形の形象物一個を掲げ」夜間にあっては「前部に白色の全周灯一個を掲げ，かつできる限り船尾近くにその全周灯よりも低い位置に白色の全周灯一個を掲げる」ことが海上衝突予防法第3章に定められている。なお50メートル未満の船舶は白色の全周灯一個のみを掲げてもかまわない。停泊灯を2つつけなければならない船舶においては当然，Switch on the anchor lights.と複数になる。

錨泊したらその位置（anchor position）を確認し，チャートに書き込む。物標からの角度と距離ではなく，物標への方位角と距離で（距離はレーダなどで求める）錨位を表すのは，あくまで自船のための情報であるためだろう。停泊中は自船がきちんと錨によって一定の位置に停泊していることを確かめるために定期的に錨位を確認する。気象・海象の関係で走錨の危険がある場合には**頻繁**に確認する。

4.3 抜錨（船内通信） 🔊30

4.3.1

> How much cable is out?
> X shackles are out.

☞ 錨鎖はどれぐらい出ているか？
☞ X シャックル出ています。

Stand by for heaving up.
Put the windlass in gear.
The windlass is in gear.
Heave up [port / starboard / both] anchor(s).

☞ 揚錨準備。
ウィンドラスのギアを入れよ。
ウィンドラスのギアが入った。
[左舷・右舷・両舷]の錨を巻き上げろ。

4.3.2

How much weight is on the cable?
　[Much / Too much] weight is on the cable.
　No weight is on the cable.
☞ 錨鎖にどれぐらいの重さがかかっているか？
☞ 錨鎖にかかる重さは[大きい・大きすぎる]。
錨鎖にかかる重さはありません。
Stop heaving.
☞ 巻き上げやめ。
How many shackles are left (to come in)?
　X shackles are left (to come in).
☞ あと何シャックル残っているか？
☞ X シャックル残っている。

4.3.3

> Attention! Turn in cable(s).
> The anchor(s) [is / are] aweigh.
> The cable(s) [is / are] clear.
> The anchor(s) [is / are] [clear of the water / home / foul / secured].
> ☞ 気をつけろ。錨鎖にねじれあり。
> 　立錨。
> 　錨鎖異常なし。
> 　錨は[水面上にでた・格納された・錨鎖がからまっている・固定された]。

📖 解説：立錨とは錨が海底から垂直に立った状態で，この時点で船は航行中とみなされ，anchor ball が下ろされ，夜間なら停泊灯が消され航海灯がつけられる。訓練所ではこのとき「アップアンドダウンアンカー」(up and down anchor) と言う。海底が泥の場合しばしば錨に泥がついて上がってくるが，これを落とすため錨を海中につけて走ることがある。こんなときは "Mud on the anchor. We will put the anchor back in the water to wash it off." のように船橋に報告すればよいだろう。

錨鎖が錨にからまってしまうことがあるが，これが foul anchor である。そのままでは錨を格納できないので，もう一度巻き出したりして，からみをとってから，格納する。どうしてもからみがとれなかったり，海底に錨がしっかりとはまってしまい，引き上げられない場合には，錨鎖にブイをつけ，シャックルを外して錨を捨てる。錨は大変高価なので，ブイを目印に引き上げるためである。これを捨錨（しゃびょう）と言う。

Lesson 5

出 入 港

この課では出入港の際に必要な表現を学習する。入港前には接岸する岸壁やコンテナ埠頭などの手配をしておくが、先船（さきぶね）の都合などで入港が遅れたりする場合もある。まずは外部との交信に関する表現を学習した後、着桟・離桟に関する船内通信へと進む。大型船では操船の補助をする曳船（タグ）を手配しなければならないが、これに関する表現を最後に学習する。

5.1 外部との交信 ◎31

5.1.1

Your orders are to berth on X.

Your orders are changed to proceed to X.

Proceed to X for orders.

You have permission to [enter / proceed] at T UTC.

☞ Xに接岸するよう命令が出ている。

　　貴船への命令は変更されXへ向かうことになった。

　　Xへと向かい指示を待て。

　　UTC T時に[入って・進んで]よい。

5.1.2

> Vessel is [turning / manoeuvring] in position P.
> MV N will [turn in position P / leave X at T UTC].
> MV N [is leaving / has left] X.
> MV N entered fairway in position P.
> ☞ 位置Pに[回頭中・操船中]の船舶。
> 　MV Nが[位置Pで回頭する・UTC T時にXを離れる予定]。
> 　MV NはXを[離れようとしている・離れた]。
> 　MV Nは位置Pにて航路に入った。

5.1.3

> Your berth is not clear (until T UTC).
> Your berth will be clear at T UTC.
> You will [berth / dock] at T UTC.
> Berthing has been delayed by X hours.
> ☞ 貴船のバースはUTC T時まで空かない。
> 　貴船のバースはUTC T時に空く。
> 　貴船はUTC T時に着桟の予定。
> 　着桟はX時間延期された。

〔注〕3番目の動詞として使われたberth, dockは同じ意味で、ともに「着桟する」。

5.1.4

> Move [ahead / astern] X metres.
> Your vessel is in position – make fast.

> ☞ X メーター[前に出ろ・後ろに下がれ]。
> 貴船は丁度良い位置にある。メイクファースト。

📖 解説：この2つは岸壁との交信である。make fast の fast は「しっかりと止まった」という意味の形容詞。make fast という表現は，make + 目的語 + fast，すなわち「目的語をしっかりと止まった（繋ぎ止められた）状態にする」という用法の目的語を省略した形で，船を桟橋に繋留索でしっかりと固定したり，船とタグを曳船索でつないだりする際に使われるオーダーである。海事英語では実際に目的語をとる場合にも，例えば Make fast the tug. 「タグを繋ぎ止めろ」のように make fast + 目的語の形で用いる。

5.2 着　　桟

5.2.1 ⊙32

> [Is / Are] the propeller(s) clear?
> 　Yes, the propeller(s) [is / are] clear.
> 　No, the propeller(s) [is / are] not clear.
> 　　☞ プロペラ付近に障害物はないか？
> 　　　☞ はい，プロペラ付近に障害物はありません。
> 　　　　いいえ，プロペラ付近に障害物があります。
> Keep the propeller(s) clear.
> 　　☞ プロペラ付近に障害物がないようにしろ。
> Are fenders on the berth?
> 　Yes, fenders are on the berth.
> 　No, fenders are not on the berth.
> 　　☞ フェンダーは岸壁にあるか？
> 　　　☞ はい，岸壁にフェンダーがあります。
> 　　　　いいえ，岸壁にフェンダーはありません。

> Have fenders ready fore and aft.
> ☞ 前部・後部ともフェンダーを用意せよ。

📖 解説：大型商船の大部分にはプロペラが 1 つしかないが，小型の船舶（遊覧船など）にはプロペラを左右 2 つ持つものもある。片方を前進，もう一方を後進にすれば，ほぼその場で回頭できるなど，操船上の利点がある。フェンダーは船の側面と岸壁が直接接触して船体に傷がつくのを防ぐ役割をする。

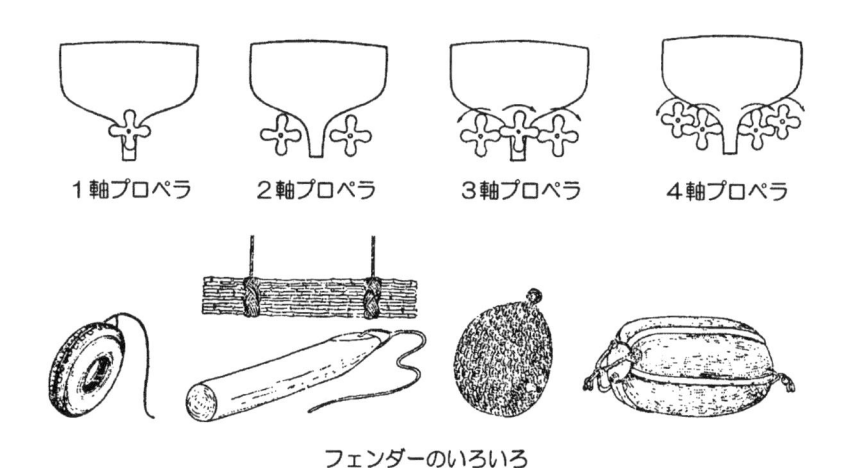

1軸プロペラ　　2軸プロペラ　　3軸プロペラ　　4軸プロペラ

フェンダーのいろいろ

5.2.2 ◉32

> We will berth [port / starboard] side alongside.
> We will moor to buoy(s) (ahead and astern).
> We will moor [alongside / to dolphins].
> ☞ [左舷・右舷] 付けで接岸する。
> 　　ブイに（前後部とも）繋留する。
> 　　[横付けで・ドルフィンに] 繋留する。

📖 解説：接岸の際に左舷・右舷どちらを岸につけるかは，接岸や離岸時の操船の容易さ，荷役など様々な条件を考慮に入れてキャプテンが決定する。一

般的な一軸右回転の固定ピッチプロペラの船では，着桟時に後進をかけると船尾が左に振れるので，左舷付けの方が容易である。この場合まさに port side が港に向き，右舷は夜でも暗いので星が見える starboardside となる。大昔の船は舵が右舷側についており，これを壊さないように左舷を岸壁につける必要から，左舷が port 右舷が starboard と呼ばれるようになったとの説もある。

繋留のためのブイは mooring buoy と呼ばれ，繋留索をこのブイに繋げて繋留することもある。ドルフィンとは，海底に杭を打ちその上に建造した，船舶の繋留のための構造物を指す。

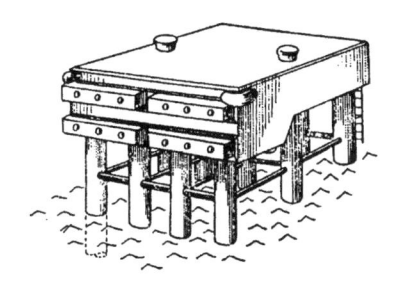

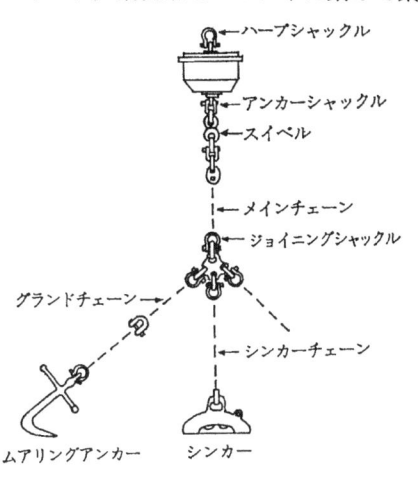

ドルフィン（Dolphin）　　　　ブイ（Mooring buoy）

5.2.3 🔊32

> Have the heaving lines ready forward and aft.
> Send the [heaving / head / stern / breast] line(s) ashore.
> The linesmen will use [shackles / lashings] for securing the mooring.
> Use the [center / panama] lead.
> Use the [bow / port quarter / starboard quarter] lead.
> 　　☞ ヒービングラインを前部・後部とも用意せよ。
> 　　　　［ヒービング・ヘッド・スターン・ブレスト］ライン
> 　　　　を岸に送れ。

綱取りは[シャックル・ラッシング]を使って繋留索を固定する。
[センター・パナマ]リードを使え。
[船首・左舷後方・右舷後方]のリードを使え。

📖 解説：ヒービングラインとは，先端におもりのついたロープで，もう一方の端を繋留索に結び付けて使う。離れた位置から岸に太い繋留索を渡す際に，おもりの遠心力を使ってまずこのヒービングラインを岸に届かせる。

着桟や離桟の際には，キャプテンが船橋で指揮をとり，士官は部員とともに船首や船尾にわかれて配置につき，トランシーバーで交信しながら作業をする。日本では船首を「おもて」船尾を「とも」と呼び，それぞれの部署を「おもて配置」「とも配置」と呼ぶが，英語では forward station, aft station を使う。トランシーバーの感度を確かめる際には，"Forward station, forward station, this is bridge. How do you read me? Over.""Bridge, this is forward station. I read you fine."のようにやりとりする。

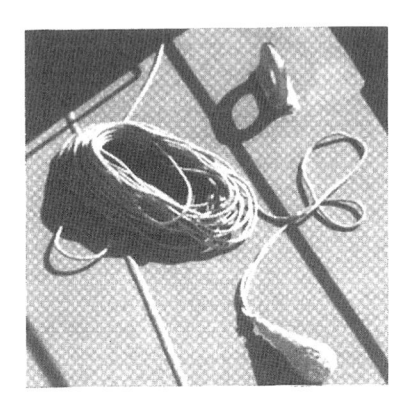

接岸する際には，岸壁にいて船が送り出すホーサーを処理する「綱取り」と呼ばれる人が必要である。出航の際にもやはり「綱取り」が必要である。shackle はピンをいれて固定する器具，lashing はものを縛るためのロープのこと。mooring は「繋留する」を表す動詞 moor から派生した名詞で「繋留・繋ぎ止めること」。secure the mooring で要するにしっかりと繋留すること，繋留索をしっかりと止めることを指す。

船首にあるリード（繋留索を通すガイドのような穴）は，center lead とか panama lead と呼ばれるが，これはホーサーが上に向かって引かれても角に当たって擦り切れないように，丸みがつけてある。パナマ運河を通行する際には，このようにホーサーが上に向かって引かれるので，panama lead と呼ばれる。（もちろんパナマ運河を通行するだけのためにあるわけではない。）

5.2.4 ◉33

Send out the [head / stern / breast] line(s).
Send out the [forward / aft] spring(s) [forward / aft].
 ☞ [ヘッド・スターン・ブレスト]ラインを送り出せ。
  [フォワード・アフト]スプリングを[前方・後方]に送り出せ。

Do you have tension winches?
 Yes, we have tension winches (forward and aft).
 No, we do not have tension winches.
  ☞ 貴船にはテンションウインチがあるか？
   ☞ はい，本船には（前部と後部に）テンションウインチがある。
   いいえ，本船にはテンションウインチはない。

64

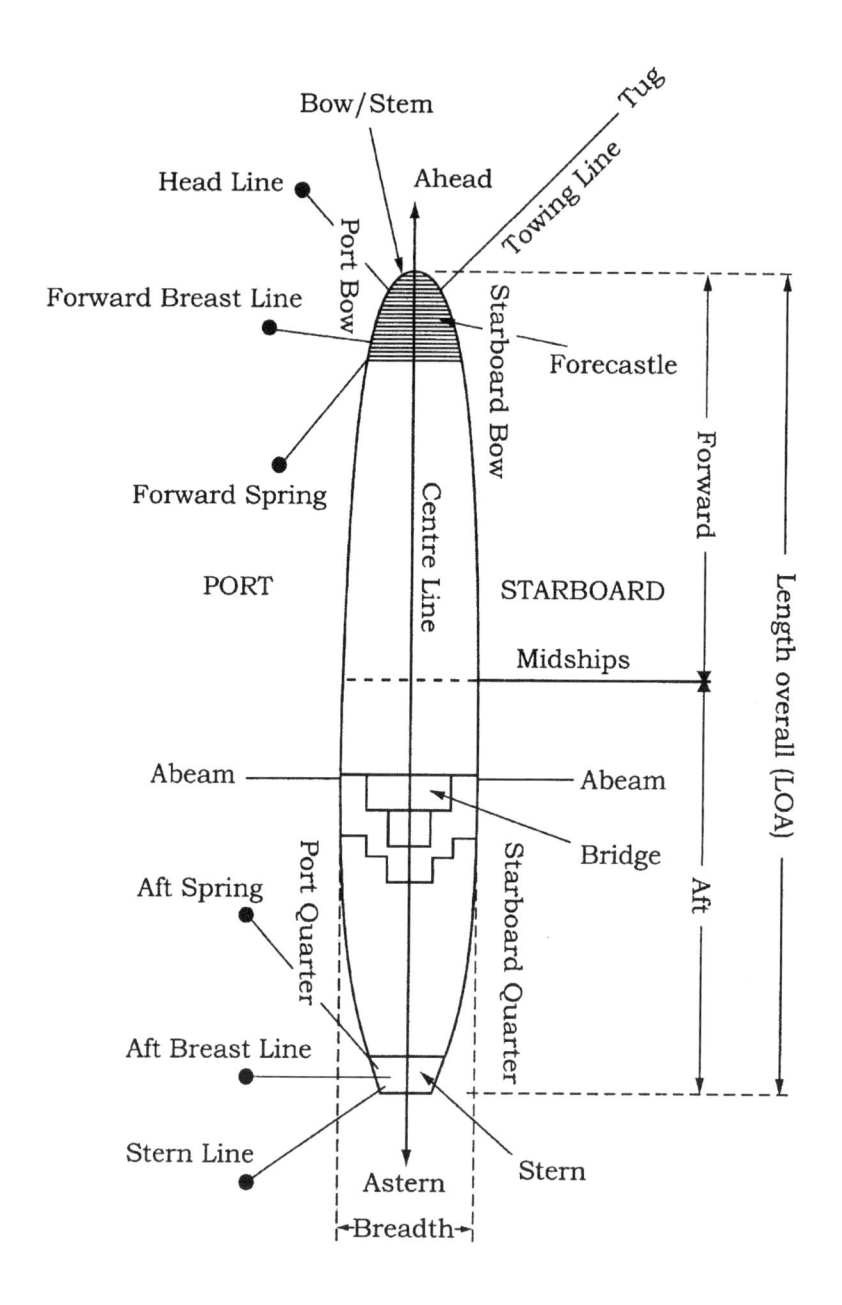

Lesson 5 出入港 **65**

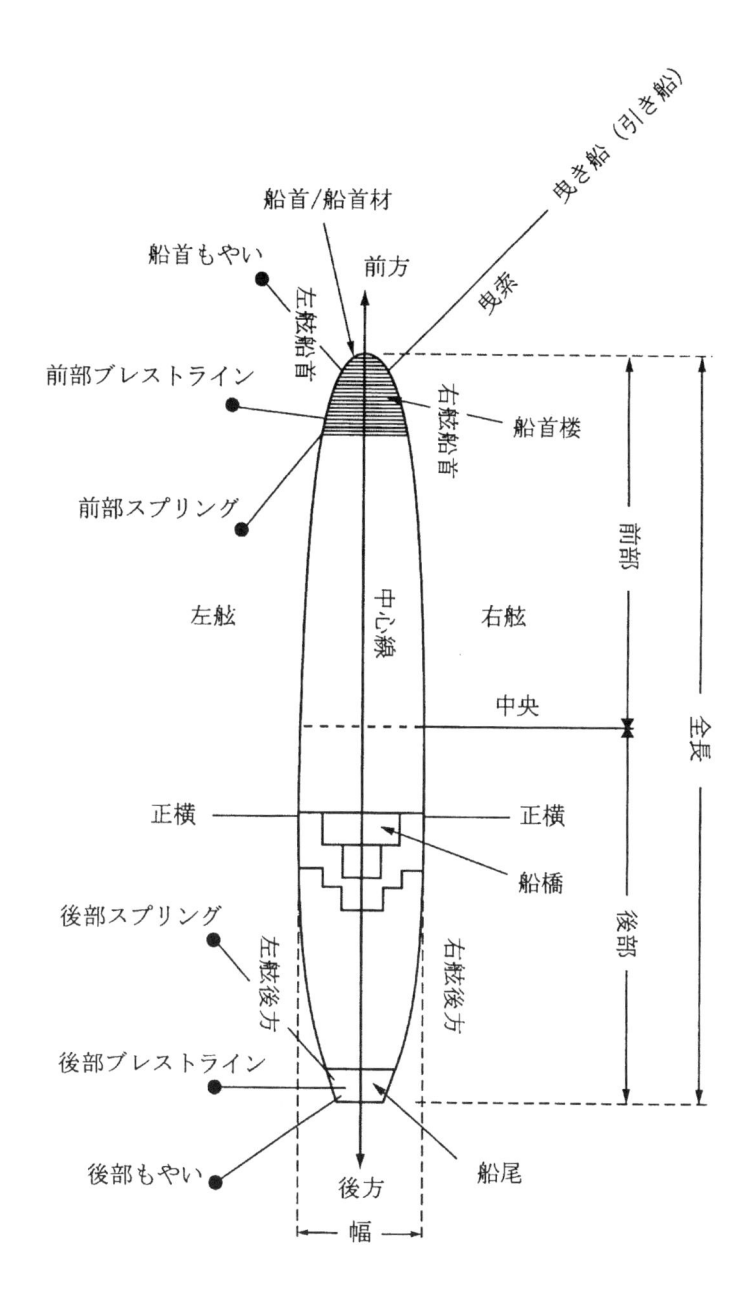

船首/船首材
前方
船首もやい
左舷船首
曳き船(引き船)
前部ブレストライン
曳索
前部スプリング
船首楼
右舷船首
左舷
中心線
右舷
前部
中央
全長
正横
正横
船橋
後部スプリング
後部
左舷後方
右舷後方
後部ブレストライン
後部もやい
後方
船尾
幅

📖 解説：繋留索の名前については図を参照のこと。船首から前方に向かうのが head line，船尾から後方に向かうのが stern line，逆に船首から後方に向かうのが forward spring で，船尾から前方に向かうのが aft spring である。これらの繋留索は船の前後方向の動きをおさえる働きをする。船から岸に対して直角に向かう短い繋留索が breast で，船首にあれば forward breast line，船尾にあれば aft breast line と呼ばれる。ブレストラインは船の岸壁に対して直角の方向の動きをおさえる働きをする。ブレストラインは短く，したがって遊びが少ないのでもっとも切れやすい。

着桟時には，必要ならまずヒービングラインを岸に送り，綱取りがこれを手繰りよせると同時に，船側でホーサーを送り出すわけである。着桟前にはホーサーを巻き出して甲板上に蛇のように這わせて，速やかにホーサーを送り出せるようにしておくが，これを snake down と言う。ホーサーが岸に届いたら先端の輪の部分（これを eye と呼ぶ）を，ボラードなどにかけて固定し，船のウインチやウィンドラスについた warping end （英語の発音は /wɔːpɪŋ/「ウォーピング」で「ワーピング」ではないことに注意）を使って巻き込んで接岸する。

5.2.5 🌀33

Heave on the [X line(s) / Y spring(s)].
Pick up the slack on the [X line(s) / Y spring(s)].
Slack away the [X line(s) / Y spring(s)].
[Hold on / Check] the [X line(s) / Y spring(s)].
Keep the [X line(s) / Y spring(s)] tight.

☞ [Xライン・Yスプリング]を強く引け。
[Xライン・Yスプリング]のたるみを取れ。
[Xライン・Yスプリング]をゆるめろ。
[Xライン・Yスプリング]を[その場で止めろ・なるべく出ないようにしろ]。
[Xライン・Yスプリング]をぴんと張っておけ。

5.2.6 ❂ 34

Heave away.
Stop heaving.
Heave in easy.
Heave alongside.
☞ 巻き込め。
巻き込みやめ。
静かに巻き込め。
横付けになるよう巻き込め。

📖 解説：船を繋留する際には，船が適切な位置に来るように，各繋留索の張り具合を調節しなければならない。その際の表現が 5.2.5 および 5.2.6 である。繋留後も潮の干満によって繋留索の張り具合が変わってくるため，つねに繋留索の張り具合をチェックして対応しなければならない。

68

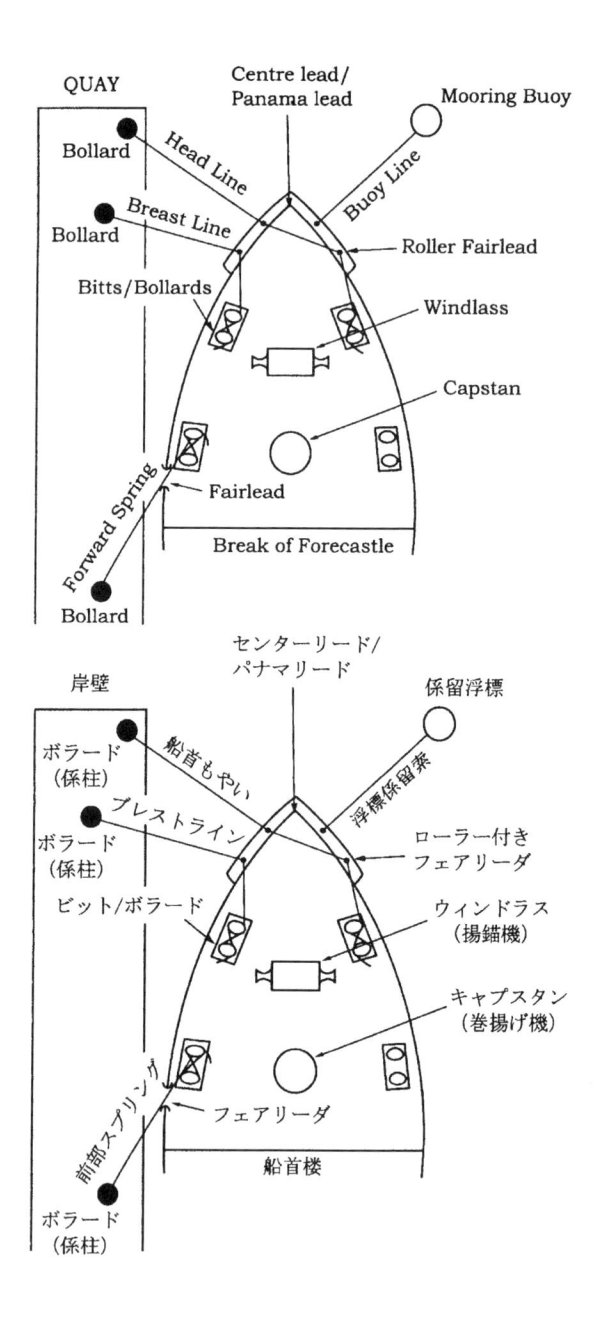

QUAY — Centre lead / Panama lead — Mooring Buoy
Bollard — Head Line — Buoy Line
Breast Line
Bollard — Roller Fairlead
Bitts/Bollards — Windlass
Capstan
Forward Spring — Fairlead
Break of Forecastle
Bollard

岸壁 — センターリード／パナマリード — 係留浮標
ボラード（係柱） — 船首もやい — 浮標係留索
ブレストライン
ボラード（係柱） — ローラー付きフェアリーダ
ビット／ボラード — ウィンドラス（揚錨機）
キャプスタン（巻揚げ機）
前部スプリング — フェアリーダ
船首楼
ボラード（係柱）

Report the [forward / aft] distance to X.
　　The [forward / aft] distance to X is Y metres.
　　　　☞ [前部・後部]からXまでの距離を報告せよ。
　　　　　　☞ [前部・後部]からXまでの距離はYメートル。
We have to move X metres [ahead / astern].
We are in position.
Make fast fore and aft.
Finished with manoeuvring stations.
　　　　☞ Xメートル[前・後ろ]に移動しなくてはならない。
　　　　　丁度良い位置にきた。
　　　　　前・後部ともメイクファーストせよ。
　　　　　ひらけ。(「ひらけ」は訓練や作業が終わった際の解散の合図)

5.3　離　　桟　◎35

Stand by engine(s).
Stand by for letting go.
Single up the [X lines / Y springs].
Let go the [X line / Y spring].
Let go all ([forward / aft / forward and aft]).
Let go the towing line(s).
Stand by bow anchor(s).
　　　　☞ スタンバイエンジン。
　　　　　レッコの準備をしろ。
　　　　　[Xライン・Yスプリング]をシングルアップせよ。

［Xライン・Yスプリング］をレッコせよ。
（［前部・後部・前後部］）すべてのラインをレッコせよ。
曳船索をレッコしろ。
船首の錨を用意しろ。

📖 **解説**：船を繋留索で岸壁に繋ぎ止める場合，ヘッドライン，スターンライン，スプリングなどは，強度を増すため複数のホーサーを用いる。岸壁から離れ出港する際には，すぐに繋留索を離せるように（レッコできるように），この複数のホーサーを一本のみ残し，残りを取り込む。これをシングルアップするという。投錨の準備をするのは，万が一の時に錨を入れて船を止めたり，操船の助けとするためである。

Let go X は，let X go という「let + 目的語 + 原形不定詞」の用法で，目的語と原形不定詞が倒置を起こしたもの。日本語では let go の /t/ が抜け，さらに go の /g/ が無声化して /k/ となった「〜をレッコする」という表現が使われている。/g/ が /k/ に変わったのは，小さい「ッ」で表される音の後に有声音が来ることを避けるためであろう。

写真で，岸壁のビットに引っかかっている輪の部分がラインの eye である。この写真ではヘッドラインに 3 本のホーサーを使っている。

ヘッドラインをシングルアッ

Lesson 5 出入港 71

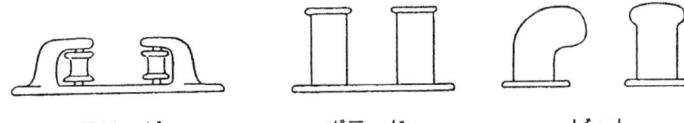

フェアリーダ　　　ボラード　　　ビット

ブレろと言われたら，ヘッドラインの 3 本のうち 2 本を取り外し，1 本だけにすることを指すわけである。

5.4 タ　グ

5.4.1 🔊 36

> How many tugs do you require?
>   I require X tug(s).
>   ☞ タグは何隻要請するのか？
>   ☞ X 隻のタグを要請します。
> You must take X tug(s) according to port regulations.
> You must take X tug(s) fore and Y tug(s) aft.
> Wait for the tug(s) in position P.
> The tugs will meet you in position P at T UTC.
> Tug services [have been suspended until / were resumed at] T D.
>   ☞ 港湾規則によれば貴船は X 隻のタグを取らねばならない。
>   貴船は前部に X 隻，後部に Y 隻のタグを取らねばならない。
>   位置 P にてタグを待て。
>   タグは UTC T 時に位置 P にて貴船と落ち合う。
>   タグサービスは D（日付）の T 時[まで中断されている・に再開された]。

📖 **解説**：タンカーなどの大型船では，自分だけの力では岸壁につけたり，岸壁から離れることができないので，タグ（曳船）の助けを必要とする。船の大きさなどによって，取らなければならないタグの数は，定められている。タグの船首にはクッションの役目をするタイヤがついており，船を直接押したり，また曳船索（towing line）を船に送って，船を引いたりすることで，操船の助けをする。

5.4.2 🎧 36

We will take X tug(s).
The tug(s) will [push / pull].
We use the towing line(s) of [your vessel / the tug(s)].
Stand by for making fast the tug(s).

☞ 本船はX隻のタグを使う。
　タグは[押す・引く]。
　本船は[貴船の・タグの]曳船索を使う。
　タグを取る準備をせよ。

5.4.3 🎧 36

Use the fairlead on [port / starboard] [side / bow / quarter].
Send [heaving / towing] line(s) to the tug(s).

Lower towing line(s) [to the tug(s) / X metre(s) from the water].
Slack away towing line(s).

☞ [左舷・右舷][側・船首・後部]のフェアリードを使え。
[ヒービングライン・曳船索]をタグに送れ。
曳船索を[タグまで・水面からXメートルのところまで]下ろせ。
曳船索をゆるめろ。

5.4.4 ◉37

Make fast the tug(s) ([forward / aft]).
Make fast the tug(s) on [port / starboard] [bow / quarter].
Make fast the [forward / aft] tug(s) alongside on [port / starboard] side.
Make fast X tug(s) on each [bow / quarter].

☞ タグを([前部・後部])に取れ。
タグを[左舷・右舷][船首・後部]に取れ。
[前部・後部]のタグを[左舷・右舷]側に横抱きに取れ。
[船首・後部]両側にX隻のタグを取れ。

5.4.5 ◉37

Put the eye(s) of the towing line(s) on bitts.
The tug(s) [is / are] fast (on X).
Keep clear of towing line(s).
Stand by for letting go the tug(s).

Let go the tug(s).
Towing line(s) [is / are] broken.
> 曳船索のアイをビットにかけろ。
> タグは（Xに）取った。(X には port bow などが入る)
> 曳船索から離れていろ。
> タグを離す用意。
> タグを離せ。(タグの場合は日本語では「レッコする」と言わない)
> 曳船索が切れた。

📖 **解説**：曳船索には当然大きな力がかかり，万が一切れた場合に当たると危険である。そこで作業中の曳船索からは距離をおき，常に目を離さないようにすることが必要である。繋留索や曳船索が「切れる」という表現に，英語では break の受身を使った be broken という表現が対応していることにも注意。

Lesson 6

水　　先

　この課では，水先に関する表現を学習する。大型船舶が出入港したり特定の航路を通る際には，その港や航路を熟知した水先人（パイロット）が乗船して操船しなければならない。水先人を使わなければならない船の大きさは，各港の港湾規則によって決められている。水先人を陸から船や船から陸まで送り届ける船はパイロットボート，海上で水先人を乗下船させる特定の海域はパイロットステーションと呼ばれる。水先人は船が海上にある場合には主にパイロットラダー（縄梯子）を使って乗下船する。水先人の要請をする先は，港によって決まっており，入港前にVHFなどを使って連絡をとる。以下の「水先人の要請」は，その際に使われる表現である。

6.1　水先人の要請

6.1.1 ◎ 38

> Must I take a pilot?
>   Yes, you must take a pilot. Pilotage is compulsory.
>   No, you need not take a pilot.
>   ☞ 本船は水先人をとらねばならないか？
>   ☞ はい，貴船は水先人をとらねばならない。強制水先です。
>   いいえ，水先人をとる必要はありません。

Do you require a pilot?
> Yes, I require a pilot.
> No, I do not require a pilot. I am holder of Pilotage Exemption Certificate (No. X).
>> ☞ 貴船は水先人を要請するか？
>>> ☞ はい，本船は水先人を要請します。
>>> いいえ，本船は水先人を要請しません。本船は水先免除証明書（第X号）を保持している。

You are exempted from pilotage.
> ☞ 貴船は水先を免除されている。

6.1.2 ☻ 38

Do you require a pilot at N Pilot Station?
> Yes, I require a pilot at N Pilot Station.
> No, I do not require a pilot at N Pilot Station – I require a pilot in position P.
>> ☞ 貴船は N パイロットステーションで水先を要請するか？
>>> ☞ はい，本船は N パイロットステーションで水先を要請する。
>>> いいえ，本船は N パイロットステーションで水先を要請しない。位置Pで水先を要請する。

What is your ETA at N Pilot Station in local time?
> My ETA at N Pilot Station is T local time.
>> ☞ 貴船の N パイロットステーションへの到着予定時刻は現地時間で何時か？
>>> ☞ 本船の N パイロットステーションへの到着予定時刻は現地時間のT時。

What is local time?
    Local time is T.
        ☞ 現地時間は何時か？
            ☞ 現地時間はT時。
What is your distance from N Pilot Station?
    My distance from N Pilot Station is X [kilometres / nautical miles].
        ☞ Nパイロットステーションからの貴船の距離は？
            ☞ 本船のNパイロットステーションからの距離はX[キロ・海里]。

6.1.3 ◉ 39

Is the pilot boat on station?
    Yes, the pilot boat is on station.
    No, the pilot boat is not on station.
    The pilot boat will be on station at T local time.
        ☞ パイロットボートは配置についているか？
            ☞ はい，パイロットボートは配置についている。
            いいえ，パイロットボートは配置についていない。
            パイロットボートは現地時間 T 時に配置につく。
In what position can I take the pilot?
Take the pilot [at N / near X] at T local time.
        ☞ どの位置で水先人を乗船させられるか？
            現地時間 T 時に[N(パイロットステーションの名前)・X付近]で水先人を乗船させよ。

When will the pilot embark?
　　Pilot will embark at T local time.
　　　　☞ いつ水先人が乗船するか？
　　　　　　☞ 水先人は現地時間 T 時に乗船する。

6.1.4 ◉ 39

The pilot boat is coming to you.
Stop in present position and wait for the pilot.
Keep the pilot boat D of you.
　　　　☞ パイロットボートは貴船に向かっている。
　　　　　現在位置に停止し水先人を待て。
　　　　　パイロットボートを D 側に保て。
What is your freeboard?
　　My freeboard is X metres.
　　　　☞ 貴船の乾舷はどれくらいか？
　　　　　　☞ 本船の乾舷は X メートルである。
Change to VHF channel X for pilot transfer.
Stand by on VHF channel X until pilot transfer is completed.
　　　　☞ 水先人の移乗のため VHF の X チャンネルに変えよ。
　　　　　水先人の移乗が完了するまで，VHF の X チャンネル
　　　　　で待機せよ。

6.1.5 ◉ 40

Pilotage at N Pilot Station has been suspended until T D.
Pilotage at N Pilot Station has been resumed.
The pilot cannot embark at N Pilot Station due to X.

☞ N パイロットステーションでの水先業務は D 日の T 時まで一時中断されている。

N パイロットステーションでの水先業務は再開されている。

水先人は X のため N パイロットステーションでは乗船できない。

6.1.6 ◉40

Do you accept shore-based navigational assistance from pilot?

　　Yes, I accept shore-based navigational assistance.

　　No, I do not accept shore-based navigational assistance.

　　I will stay in position P until T.

　　　　☞ 貴船は水先人による陸上からの航行補助を受け入れるか？

　　　　　　☞ はい，本船は陸上からの航行補助を受け入れる。

　　　　　　いいえ，本船は陸上からの航行補助を受け入れない。

　　　　　　本船は T まで位置 P に留まる。

You have permission to [proceed by yourself / wait for the pilot at X buoy].

Follow the pilot boat inward where the pilot will embark.

　　　　☞ 貴船は[水先人なしで航行して・X ブイで水先を待って]よい。

　　　　　　港に向かってパイロットボートを追い，そこで水先人を乗船させよ。

6.2 パイロットの乗下船
（図は水先人用昇降機の略図である。）

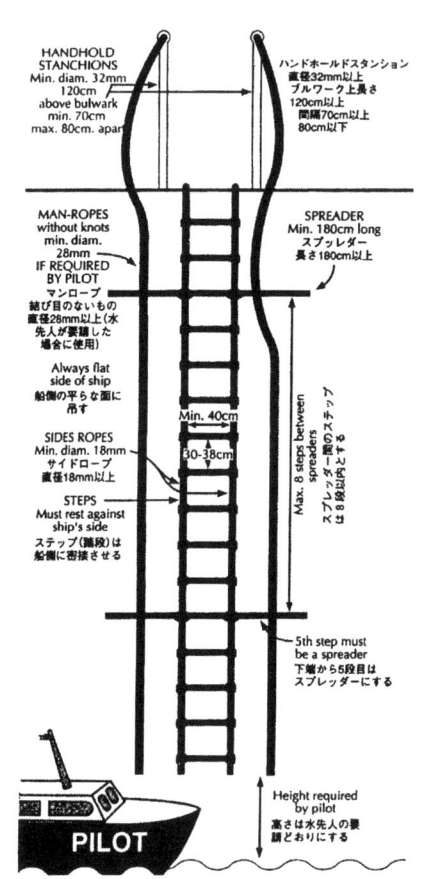

SHIPS WITH HIGH FREEBOARD (MORE THAN 9M)
When no side door available
高乾舷船(9mを越える)サイドドアが利用できない場合

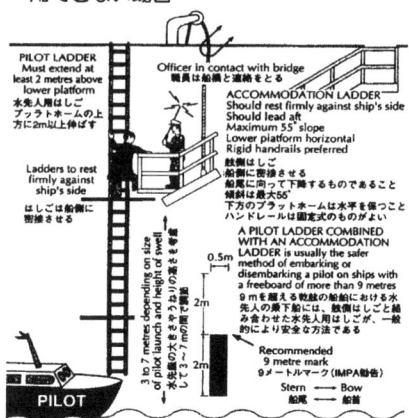

RIGGING FOR FREEBOARDS OF 9 METRES OR LESS
乾舷が9m以下の場合の設備

HANDHOLD STANCHIONS
Min. diam. 32mm
120cm above bulwark
min. 70cm
max. 80cm. apart

ハンドホールドスタンション
直径32mm以上
ブルワーク上長さ
120cm以上
間隔70cm以上
80cm以下

MAN-ROPES without knots
min. diam. 28mm
IF REQUIRED BY PILOT

マンロープ
結び目のないもの
直径28mm以上 (水先人が要請した場合に使用)

Always flat side of ship
船側の平らな面に吊す

SPREADER
Min. 180cm long
スプレッダー
長さ180cm以上

SIDES ROPES
Min. diam. 18mm
サイドロープ
直径18mm以上

Min. 40cm
30-38cm

Max. 8 steps between spreaders
スプレッダー間のステップは8段以内で完結

STEPS
Must rest against ship's side
ステップ(階段)は船側に密着させる

5th step must be a spreader
下端から5段目はスプレッダーにする

Height required by pilot
高さは水先人の要請どおりにする

PILOT

PILOT LADDER
Must extend at least 2 metres above lower platform
水先人用しごはプラットホームの上方に2m以上伸ばす

Officer in contact with bridge
職員は船橋と連絡をとる

ACCOMMODATION LADDER
Should rest firmly against ship's side
Should lead aft
Maximum 55° slope
Lower platform horizontal
Rigid handrails preferred

舷側しご
船側に密着する
船尾に向って下降するものであること
傾斜は最大55°
下方のプラットホームは水平に保つこと
ハンドレールは固定のものがよい

Ladders to rest firmly against ship's side
はしごは船側に密着させる

A PILOT LADDER COMBINED WITH AN ACCOMMODATION LADDER is usually the safer method of embarking or disembarking a pilot on ships with a freeboard of more than 9 metres
9mを越える乾舷の水先人の乗下船には、舷側はしごと組み合わせた水先人用はしごは、一般的により安全な方法である

0.5m
2m
2m

3 to 7 metres depending on size of pilot launch and height of swell
水先艇の大きさとうねりの高さを勘案して3～7m必要とする

Recommended 9 metre mark
9メートルマーク (IMPA勧告)
Stern ← → Bow
船尾 ← → 船首

PILOT

MECHANICAL PILOT HOIST
水先人用昇降機

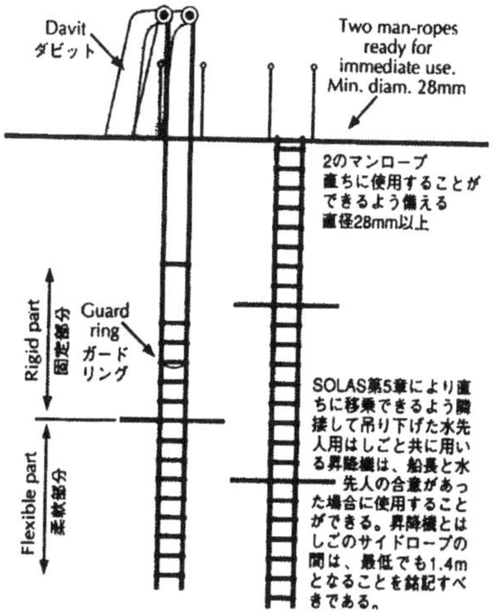

Davit
ダビット

Two man-ropes ready for immediate use.
Min. diam. 28mm

2のマンロープ
直ちに使用することができるよう備える
直径28mm以上

Rigid part
固定部分

Guard ring
ガードリング

Flexible part
柔軟部分

SOLAS第5章により直ちに移乗できるよう隣接して吊り下げた水先人用はしごと共に用いる昇降機は、船長と水先人の合意があった場合に使用することができる。昇降機としごのサイドロープの間は、最低でも1.4mとなることを銘記すべきである。

A pilot hoist made and rigged in accordance with SOLAS Chapter V, together with a pilot ladder rigged alongside for immediate transfer, may be used subject to agreement between the Master and the Pilot. It should be noted that the distance between the nearest side ropes of the pilot hoist and pilot ladder will be at least 1.4 metres.

6.2.1 🔊41

> Stand by pilot ladder.
> Rig the pilot ladder on [port / starboard] side X metres above water.
> The pilot ladder is rigged on [port / starboard] side.
> You must rig another pilot ladder.
>
> ☞ パイロットラダーを準備せよ。
> 　[左舷・右舷] の海面上 X メートルにパイロットラダーをかけろ。
> 　パイロットラダーは [左舷・右舷] にかけてある。
> 　パイロットラダーをもうひとつかけろ。

6.2.2 🔊41

> The pilot ladder is unsafe.
> 　☞ パイロットラダーは安全でない。
> What is wrong with the pilot ladder?
> 　The pilot ladder 〜
> 　　has [broken / loose] steps.
> 　　has broken spreaders.
> 　　has spreaders too short.
> 　The pilot ladder is too far [aft / forward].
> 　☞ パイロットラダーのどこがおかしいか？
> 　　☞ パイロットラダーの
> 　　　ステップが [壊れている・ゆるんでいる]。
> 　　　スプレッダーが壊れている。
> 　　　スプレッダーが短すぎる。
> 　　　パイロットラダーが [船尾・船首] に寄りすぎている。

〔注〕パイロットラダーは水先人の乗下船のための縄梯子で、これがよじれないように一定間隔で取り付けられた長い横棒がスプレッダーである（6.2 の図を参照のこと）。

6.2.3 🔊 42

> Move the pilot ladder ~
>   X metres [aft / forward].
>   clear of discharge.
> Rig the accommodation ladder in combination with the pilot ladder.
> Rig the pilot ladder alongside hoist.
> Put lights on at the pilot ladder.
> Man ropes [required / not required].
> 　　☞ パイロットラダーを
> 　　　　X メートル[船尾・船首]寄りに動かせ。
> 　　　　排水から離せ。
> 　　　パイロットラダーと一緒に舷梯をおろせ。
> 　　　昇降機（付のラダーと並べて）パイロットラダーをおろせ。
> 　　　明かりをつけてパイロットラダーを照らせ。
> 　　　マンロープ[が必要・は不要]。

〔注〕マンロープとは、パイロットラダーの両側につけられたロープで、乗り降りする人の手すりの役目をする（6.2 の図を参照のこと）。

夜間
舷側の水先人用はしごと甲板を前向きに十分に照明する

AT NIGHT
Pilot ladder and ship's deck lit by forward shining overside light

6.2.4 🔊42

> Have a heaving line ready at the pilot ladder.
> Correct the list of the vessel.
> Make a lee on your [port / starboard] side.
> Steer X degrees to make a lee.
> Keep the sea on your [port / starboard] quarter.
> 　　☞ パイロットラダーのところにヒービングラインを用意せよ。(パイロットボートを船に近づけるため)
> 　　　船体の傾きを修正せよ。
> 　　　貴船の[左舷・右舷]が風下になるようにしろ。
> 　　　(パイロットボートが)風下になるよう,船首をX度に向けよ。
> 　　　波を[左舷・右舷]後部に受けよ。

📖 解説:船乗りはよく「風上風下(ふうじょうふうか)地獄極楽」と言うが,風下は船が風除けの役割を果たしてくれるので,風の影響を受けにくい。この風下のことを lee と呼び,風下を lee side, 逆に風を受けている側を weather side と呼ぶ。左舷から風を受けている際には,左舷が weather side, 右舷が lee side となるわけである。日本語でもそのまま,「リーサイド」,「ウエザーサイド」と呼んでいる。パイロットを乗せる際には,風下側にパイロットラダーをかける。

6.2.5 🔊43

> Make a boarding speed of X knots.
> Stop engine(s) until the pilot boat is clear.
> Put helm hard to [port / starboard].

> Alter course to D. The pilot boat cannot clear vessel.
> Put engine(s) [ahead / astern].
> Embarkation is not possible.
> Boarding arrangements do not comply with SOLAS Regulations.
> Vessel is not suited for the pilot ladder.
>
> ☞ パイロット移乗のため X ノットで航行せよ。
> パイロットボートが離れるまでエンジンを止めよ。
> 舵を[左・右]に一杯とれ。
> D(方角)に変針せよ。パイロットボートが貴船を離れられない。
> エンジン[前進・後進]。
> 移乗できません。
> 乗船準備が SOLAS 規則に従っていません。
> 貴船はパイロットラダーの使用に適していない。

📖 解説：SOLAS とは International Convention for the Safety of Life at Sea 『海上における人命の安全のための国際条約』のことで，この条約はタイタニック号の沈没事故を契機に 1914 年に採択され，以後何度かの改正を経て現在にいたっている。現行の SOLAS は 1974 年に採択されたもので，海難事故の防止，船舶の構造，水先人の移乗などに関する様々な規則が含まれている。

6.3　船橋におけるパイロット

パイロットは多くの場合，乗り込んだ船を初めて操船するので，その船の操船性能についてなるべく多くの情報を短時間に集めなければならない。その際，重要なのが船の推進システム，操船性能に関する情報である。

パイロットは乗船時に，船の長さ，最大速力，喫水，傾き，エンジンの種類な

Lesson 6 水 先 85

PILOT CARD

Ship's name **OTSUOMARU**　　　　　　　DATE_____
Call sign **JOKY**　　　Deadweight **2700** tonnes　　Year built **2002**
Draught Aft.___m___cm/___ft___in, Forward___m___cm/___ft___in, Displacement_____tonnes

SHIP'S PATICULARS

Length overall　**116.0** m　　Anchor chain: Port **11** Shackles, Starboard **11** Shackles
Breadth　　　　**17.9** m　　(1 Shackle = **25.0** m / **13.7** fathoms)
Bulbous bow　　**Yes** / No

```
|←――― 87.9 m ―――→|← 28.1m →|
                                    Air Draught
17.9 m                               ___m___cm            35.45m
                                     ___ft___in
       |←― Parallel W/L ―→|
           Loaded   30 m
           Ballast  20 m
```

Type of engine	**Diesel (CPP)**		Maximum power	**7722** kW	(**10500** HP)
Maneuvering Engine order		RPM	Blade Angle	Speed (knots)	
				Loaded	Ballast
FULL	AHEAD	**85**	**25.5**	**12.5**	**12.5**
HALF	AHEAD	**85**	**17.0**	**9.0**	**9.0**
SLOW	AHEAD	**85**	**10.0**	**6.0**	**6.0**
D. SLOW	AHEAD	**85**	**6.0**	**4.0**	**4.0**
STOP		**85**	**- 0.75**	**0.0**	**0.0**
D. SLOW	ASTERN	**85**	**- 5.5**	Time limit astern	**NO LIMIT**
SLOW	ASTERN	**85**	**- 10.0**	Full ahead to full astern	**60** sec
HALF	ASTERN	**85**	**- 14.0**	Max. no. of consec. starts	**NO LIMIT**
FULL	ASTERN	**85**	**- 18.0**	Minimum RPM **85** ,	**4.0** knots
				Astern Power **100**	% ahead

STEERING PARTICULARS

Type of rudder **Ordinary**　Max angle **37°**　Hard-over to hard-over (30°) **25** sec
Rudder angle for neutral effect　**0°**
Thruster : Bow **560** kw (**761** HP) ,　　　Stern　　—　　kw (　—　 HP)

CHECKED IF ABOARD AND READY　　　　　　　　　　　　　OTHER INFORMATION:

Anchors　　　　　_____　　Steering gear　　　　　　_____
Whistle　　　　　_____　　Number of power
Radar　　3cm____ 10cm____　　　units operating　　　　_____
ARPA　　　　　　_____　　Indicators : Rudder　　　_____
Speed log____ Doppler: **Yes**/No　　RPM　　　　　　　　_____
　Water speed　　_____　　　Blade Angle　　　　　 _____
　Ground speed　_____　　Compass system　　　　_____
　Dual-Axis　　　_____　　*Constant Gyro Error　　_____
Engine telegraphs　_____　　VHF　　　　　　　　　 _____
　　　　　　　　　　　　　　Elec. pos. fix. System　　 _____
　　　　　　　　　　　　　　　Type : **GPS & LORAN-C**

　　　* (Gyro Error) = (Gyro Bearing) − (True Bearing)
　　　　Example　Gyro Bearing 240° , True Bearing 242°　:　Gyro Error　−2°

どの情報をまとめたパイロットカードを渡される。前頁は，ある船のパイロットカードである。操船の指揮はパイロットがとることになるのだが，最終責任者はあくまでも船のキャプテンである。

6.3.1 推進システム

6.3.1.1 ☯44

> Is the engine a diesel or a turbine?
>   The engine is a [diesel / turbine].
>   ☞ エンジンはディーゼルかそれともタービンか？
>   ☞ エンジンは[ディーゼル・タービン]です。
> Is the engine room manned or is the engine on bridge control?
>   The engine room is manned.
>   The engine is on bridge control.
>   ☞ 機関室には人が配置されているか，それともエンジンはブリッジコントロールか？
>   ☞ 機関室には人が配置されている。
>   エンジンはブリッジコントロールです。

📖 解説：現代の商船はその多くがディーゼル機関で動くが，LNG船（液化天然ガスを運ぶ船）などは，自然に気化してしまう積荷の天然ガスを利用してボイラーで蒸気を発生させ，タービンを回して船を推進させるタービン船である。タービン船はディーゼル船に比べて一般に反応が鈍い（例えば full ahead から half ahead に落としても，速度が落ちるのにより時間がかかる）など，主機の種類によって操船性能に違いがあり，この情報は重要であるため，普通はパイロットに質問される前に前もって伝える。

人員を削減するため，機関室に常時人を配置することなく，船橋から直接機関をコントロールする船もある。これは「Mゼロ船」と呼ばれている。

6.3.1.2 🎧44

> How long does it take to change the engine(s) from ahead to astern?
>   It takes X seconds to change the engine(s) from ahead to astern.
>   ☞ 機関を前進から後進に変えるのにどのぐらいかかるか？
>   ☞ 機関を前進から後進に変えるのに X 秒かかります。
> How long does it take to start the engine(s) from stopped?
>   It takes X seconds to start the engine(s) (from stopped).
>   ☞ 機関停止状態から始動までどれぐらいかかるか？
>   ☞ （機関停止状態から）始動まで X 秒かかります。

📖 解説：ディーゼル機関の大型船には車のようなギアがなく，エンジンのクランク軸にプロペラが直結しており，エンジンの回転数を調節して速度を変化させる。後進時にはエンジンそのものを逆回転させるため，一度機関を停止しなければならない。タービン船の場合には，前進用のタービンへの蒸気の供給を断ち，後進用のタービンに蒸気を送り込むことで後進をかけるが，ここでもプロペラを逆に回すにはプロペラシャフトの回転数が落ちるまで待たねばならない。このように機関を前進から後進へと変えるには時間がかかり，操船する側にとっては重要な情報である。なぜなら船には車のようなブレーキがないため，船の行き足（前進速度のことで headway と言う）を止めるためには，後進をかけるからである。車で言えば，ブレーキを踏んでから効きはじめるまでに時間差があるようなもので，そんな車を運転するはめになったら，その時間差がどれぐらいか知りたいのは当然であろう。

　ディーゼル機関の始動は，圧縮空気をシリンダーに送り込んでピストンを動かすことで行う。車のエンジンのようにセルモーターがついているわけではない。そこで始動にはある程度時間がかかることになる。コンプレッサーを使っ

て圧縮した始動用の空気は，タンクに蓄えられており，短期間の内に停止と始動を繰り返す余裕を持たせている。

6.3.1.3 ☞ 44

> What is the maximum manoeuvring power [ahead / astern]?
> 　The maximum manoeuvring power [ahead / astern] is X kilo Watts.
> 　　☞ 操船時の［前進・後進］最大出力は？
> 　　　☞ 操船時の［前進・後進］最大出力は X キロワットです。
> What are the maximum revolutions [ahead / astern]?
> 　The maximum revolutions [ahead / astern] are X (rpm).
> 　　☞ ［前進・後進］最大回転数は？
> 　　　☞ ［前進・後進］最大回転数は（毎分）X（回転）です。
> 　　　　　　注：rpm は revolutions per minute の略
> Is extra power available in an emergency?
> 　Yes, extra power is available.
> 　No, extra power is not available.
> 　　☞ 緊急時にはさらに出力が上げられるか？
> 　　　☞ はい，上げられます。
> 　　　　いいえ，上げられません。

📖 解説：自己逆転式のディーゼル船の場合（プロペラを逆回転させて後進をかけるタイプ），前進にも後進にも同じパワーを出せるが，タービン船の場合には後進用のタービンは小型で，前進と同じパワーは出せない。またテレグラフに"emergency full"という設定があり，緊急時にはさらに出力を上げられる船もある。最後の質問はこれに関するものである。

6.3.1.4 ◎45

> Do you have a controllable or fixed pitch propeller?
>> We have a controllable pitch propeller.
>> We have a fixed pitch propeller.
>>> ☞ 貴船のプロペラは可変ピッチ(CPP)かそれとも固定ピッチ(FPP)か？
>>>> ☞ 可変ピッチプロペラです。
>>>> 固定ピッチプロペラです。
>
> Do you have a right-hand or left-hand propeller?
>> We have a [right-hand / left-hand] propeller.
>>> ☞ 貴船のプロペラは右回転か，左回転か？
>>>> ☞ [右回転・左回転]です。
>
> Do you have a single propeller or twin propellers?
>> We have [a single propeller / twin propellers].
>>> ☞ プロペラは一軸か二軸か？
>>>> ☞ [一軸・二軸]です。
>
> Do the twin propellers turn inward or outward when going ahead?
>> The twin propellers turn [inward / outward] (when going ahead).
>>> ☞ 二軸のプロペラは前進時に内側に回るのか，それとも外側に回るのか？
>>>> ☞ 二軸のプロペラは（前進時に）[内側・外側]に回ります。

📖 解説：プロペラを一回転させたとき，どれぐらい前に進むかを表すのがピッチで，従来のプロペラはみな固定ピッチ（FPP, Fixed Pitch Propeller）だったが，技術の進歩に伴い，このピッチをプロペラの羽の角度を調整することで変化させることができる可変ピッチプロペラ（CPP, Controllable Pitch Propeller）

も使われている。可変ピッチプロペラは機構が複雑になり値段も高いが，機関を逆転させずに前進から後進へと変えられたり，機関を常に一定の回転数で運転し，羽の角度を調節するだけで速度が変えられ，低速での運転が容易など多くの利点がある。

プロペラの回転方向は操船性能に大きな影響を及ぼすので，重要な情報である。たとえば一軸右回転（プロペラを後方から見て右に回して前進する）の固定ピッチプロペラを備えた船が着岸する際には，多くの場合，左舷付けのほうがやりやすい。何故なら船首を岸壁に近づけ，行き足を止めるために後進をかけると，船尾が左，すなわち岸壁に近づく方向に寄るからである。可変ピッチプロペラを備えた船の場合には，後進をかけてもプロペラの羽の角度が変わるだけで，軸の回転方向は変わらない。

6.3.1.5 🌐 45

> Do you have a bow thruster or stern thruster?
> We have [one / two] [bow / stern] thruster(s).
> ☞ 船首スラスターか船尾スラスターはついているか？
> ☞ [船首・船尾]スラスターが[一基・二基]ついています。

6.3.2　操船性能

6.3.2.1 🌐 46

> I require the [pilot card / manoeuvring data].
> ☞ [パイロットカード・操船データ]を要求する。
> What is the diameter of the turning circle?
> The diameter of the turning circle is X metres.

☞ 旋廻圏の直径は？
☞ 旋廻圏の直径はXメートル。

What is the advance and transfer distance in a crash-stop?
　The advance distance is X [kilometres / nautical miles], (and) the transfer distance is Y degrees (in a crash-stop).

☞ 緊急停止の際の進出距離と横変移距離は？
☞ （緊急停止の際の）進出距離はX[キロ・海里]，横変移距離はY度。

📖 解説：舵を左，もしくは右に切って航行を続けた際に，船が描く円の直径を旋回圏といい，操船上重要なデータである。また船を全速前進から全速後進に変えて船が停止するまでに進む距離が，緊急停止の際の進出距離である。船はこの場合舵を0度にしておいても右，もしくは左へと針路を変えてしまう。その際，横にどれだけずれるかにあたるのが，横偏位距離である。SMCPでは transfer distance という言葉を使いながら，答えは degree で表している。これは直進の方向を0度として，全速後進をかけた地点と最終的に停止した位置とを結ぶ直線の角度を，右回りの方向をプラスと考えて表したものと考えられる。

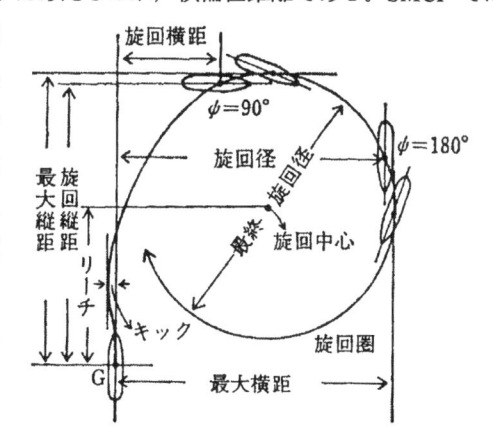

6.3.2.2 ◉46

How long does it take from hard-a-port to hard-a-starboard?
　It takes X seconds from hard-a-port to hard-a-starboard.

☞ 舵を左いっぱいから右いっぱいに変えるのにどのくらいかかるか？
　　☞ 舵を左いっぱいから右いっぱいに変えるのに X 秒かかる。

Is the turning effect of the propeller very strong?
　Yes, the turning effect (of the propeller) is very strong.
　No, the turning effect (of the propeller) is not very strong.
　　☞ プロペラの旋回効果は大きいか？
　　　☞ はい，(プロペラの) 旋回効果は大きい。
　　　　いいえ，(プロペラの) 旋回効果は大きくない。

📖 解説：the turning effect of the propeller とは，ここでは特にプロペラを後進方向に回した際に生じる，船を旋回させる効果のことである。舵中央で直進の時にはプロペラによって排出される水流は舵に当たるだけで，それほど大きな旋回効果は生じないが，後進の際には舵中央でも水流が逆になり，排出される水流は船体に当たる。右回転で前進する固定ピッチプロペラの場合，後進時には左回転となり，多くの場合は船尾は左に，船首は右に振れる。着桟時にはこの旋回効果を利用することが多いが，岸壁に船を近づけて行く際に，船尾をどれぐらい岸壁から離した時点で後進をかければよいかは，この旋回効果の大きさにも依存する。そこで初めて乗り込んできた水先人としては，このあたりの情報を知りたいわけである。

6.3.2.3 ☻47

Where is the whistle control?
　The whistle control is [on the console / over there / here].
　　☞ 汽笛はどこで鳴らすか？
　　　☞ 汽笛は[コンソール・あそこ・ここ]で鳴らします。

```
Give X [short / prolonged] blast(s) (on the whistle).
Stand by lookout.
Maintain a speed of X knots.
        ☞ 汽笛をX回[短く・長く]鳴らせ。
          見張りを配置につけろ。
          Xノットの速力を維持せよ。
```

📖 **解説**：汽笛はたとえば1回短く鳴らせば「本船は右に変針する」2回短く鳴らせば「本船は左に変針する」のように国際的に決まっている。

6.3.2.4 🔊47

```
Do you have an automatic pilot?
    Yes, we have an automatic pilot.
    No, we do not have an automatic pilot.
        ☞ 貴船にはオートパイロットがあるか？
            ☞ はい，本船にはオートパイロットがあります。
              いいえ，本船にはオートパイロットがありません。
What notice is required to reduce from full sea speed to manoeuvring speed?
    X minutes notice is required (to reduce from full sea speed to manoeuvring speed).
        ☞ 航海全速力から操船速力に落とすにはどれくらいの
          余裕をもって通知する必要があるか？
            ☞ （航海全速力から操船速力に落とすには）X分
              前に通知する必要があります。
What is the (manoeuvring) speed at [full / half / slow / dead slow] ahead?
    The (manoeuvring) speed at [full / half / slow / dead slow] ahead is X knots.
```

> ☞ [全速・半速・低速・微速]前進での（操船）速度は？
>> ☞ [全速・半速・低速・微速]前進での（操船）速度はXノットです。
>
> What is the full [sea / fairway] speed?
>> The full [sea / fairway] speed is X knots.
>
> ☞ [航海・航路内]全速力は？
>> ☞ [航海・航路内]全速力はXノットです。

📖 解説：船のエンジンの回転数を落とすのは，車のエンジンの回転数を落とすのと違い，時間がかかる。例えばエンジンとプロペラが直結した固定ピッチプロペラのディーゼル船の場合，航海全速力から操船速力に落とすには，エンジンの回転数を大体1分間に1回転ずつぐらいの割合でゆっくりと落としていく。

船の大型ディーゼルエンジンは，航海全速力を定常状態として設計されている。それより遅い回転数でエンジンを回す際には，補助的な装置を動かす必要が出てくる。機関の効率を高めるために，舶用の大型ディーゼルエンジンには，かならずターボチャージャーがついている。これは排気ガスを利用してタービンを回し，その力でシリンダー内に空気を多量に送り込み，燃焼効率を上げる装置である。回転数を落とせば，当然ターボの力も弱まるため，補助ブロアーと呼ばれる別のタービンを回す必要が生じる。

タービンを回し終わった排気ガスには，まだ相当の熱が残っており，これを回収して再利用するために，舶用エンジンには，排ガスエコノマイザーという装置がついている。排気ガスの熱を利用して蒸気を作り，これを使って燃料油（粘度の非常に高い重油で，暖めないと使えない）を暖めたりする。回転数が落ちれば，当然得られる熱も減り，補助ボイラーに点火して熱を補う必要が出てくる。

このようにエンジンの回転数を下げることで，動力プラント全体に様々な影

響が出るため，急激に回転数を落とすことは危険である。そこでどれぐらいの時間をかければ航海全速力から操船（全）速力に速度を落とせるかを尋ねるのが，What notice is required …で始まるフレーズである。パイロットはこの答えに従って，操船速力に落とすオーダーを出すタイミングを計るわけである。

答えの X minutes notice is required. だが，通常の英語では「数詞＋名詞」が形容詞的に働いて後の名詞を修飾する際には，a ten-year old girl 「10歳の女の子」や，an all-star game 「オールスターゲーム」のように，名詞を複数形にしないのが原則だが，SMCP のオリジナルでは，X minutes notice と複数形になっていた。

6.3.3 レーダ

6.3.3.1 ☞48

Is the radar operational?
　　Yes, the radar is operational.
　　No, the radar is not operational.
　　　　☞ レーダは動いていますか？
　　　　　　☞ はい，レーダは動いています。
　　　　　　　　いいえ，レーダは動いていません。
Where is the radar antenna?
　　The radar antenna is on X.
　　　　☞ レーダのアンテナはどこですか？
　　　　　　☞ レーダのアンテナはX上にあります。
Does the radar have any blind sectors?
　　Yes, the radar has blind sectors from X to Y degrees and from W to Z degrees.
　　No, the radar does not have any blind sectors.

☞ レーダにはブラインドセクター（死角）があるか？
　　☞ はい，レーダにはXからY度及びWからZ度にかけてブラインドセクターがある。
　　いいえ，レーダにはブラインドセクターはありません。

📖 解説：レーダにはそのアンテナの位置により，例えば煙突等が邪魔をして電波が飛ばない方向がある場合がある。これがブラインドセクターである。

6.3.3.2 🔊 48

Change the radar to X miles range scale.
Change the radar to relative [head / north / course]-up.
Change the radar to true-motion [north / course]-up.
　　☞ レーダをXマイルスケールに変えよ。
　　　　レーダを relative [head / north / course]-up に変えろ。
　　　　レーダを true-motion [north / course]-up に変えろ。

📖 解説：レーダスクリーン上に，何マイルまでの対象物を映し出すかを示すのが range scale である。レーダの表示方式には自船を基準として他の船舶の相対的な方位・運動を表す relative 方式（ブリッジから見た状況を再現することになる）と，自船を含めあらゆる船舶の運動を表示する true-motion 方式（船外の定点からの観測に対応する）がある。さらにスクリーン上の 0 度(すなわち真上)を，船首の向き，真北，指定の針路に合わせることができ，それぞれ

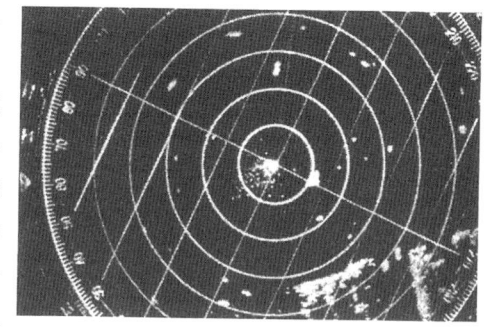

head-up, north-up, course-up に対応する。日本語でもそのまま英語を使うようなので、日本語訳にも英語をそのまま載せてある。

　最近のレーダには ARPA（Automatic Radar Plotting Aids）が搭載されており、付近を航行中の船舶をスクリーン上でマークすれば、その針路・速力および CPA（Closest Point of Approach の略で最大接近地点における距離）、またそれまでの時間（Time to CPA を略して TCPA と表示される）などを予想して示してくれるので便利であるが、レーダのゲインや気象・海象・対象物の大きさなどによってはレーダに示されない物もあり、当直航海士自らの見張り（lookout）の重要性は、レーダの使用によっていささかも損なわれるものではない。

Lesson 7
VTSとの交信

この課では航路を管理するVTSとの交信に関連する表現を学習する。航行支援では、陸上のVTSがレーダを利用して航行の補助をする際の表現を扱う。

7.1 航行支援

7.1.1 航行支援の要請

7.1.1.1 ☞49

> Is shore based radar assistance available?
>> Yes, shore based radar assistance is available.
>> No, shore based radar assistance is not available.
>> Shore based radar assistance is available from T_1 to T_2 UTC.
>> ☞ 陸上からのレーダ支援を受けられるか？
>>> ☞ はい，陸上からのレーダ支援が受けられます。
>>> いいえ，陸上からのレーダ支援は受けられません。
>>> 陸上からのレーダ支援はUTC T_1 時から T_2 時まで利用できる。

7.1.1.2 🎧49

> Do you require navigational assistance to reach X?
>   Yes, I require navigational assistance.
>   No, I do not require navigational assistance.
>   ☞ 貴船はXまでの航行支援を要請するか？
>   ☞ はい，本船は航行支援を要請します．
>   いいえ，本船は航行支援を要請しません．
> How was your position obtained?
>   My position was obtained by [GPS / RADAR / cross-bearing / astronomical observation / X].
>   ☞ 貴船の位置はどのように求められたか？
>   ☞ 本船の位置は[GPS・レーダ・クロスベアリング・天測・X]で求められた．
> Repeat your position for identification.
>   ☞ 貴船の確認のため位置を繰り返せ．

📖 解説：GPS（Global Positioning System の略）は人工衛星からの電波を利用して位置を知るシステムで，最近ではカーナビなどで一般的である．GPSによって大洋航海中でも常時正確な船位を知ることができるようになった．かつては六文儀（sextant）を使って星や太陽の角度から船位を求めていたが，これが天測である．さらに船の位置（船位）を求めるにはレーダを利用したり，船の上から3つの物標の角度をコンパスで読み取り，海図上に角度を合わせて3本の直線を引き，その交点を船位とするクロスベアリングといわれる方法がある．これは当然近くに海図に記された物標がなければならず，沿岸航海（沿航）の際に使われる．いずれは電子チャート（ECDIS）と GPS を組み合わせたシステムが主流になるであろう．

7.1.1.3 🔘 50

> I have located you on my radar screen.
> Your position is P.
> I cannot locate you on my radar screen.
> 　　☞ こちらのレーダスクリーン上で貴船を確認した。
> 　　　　貴船の位置は P。
> 　　　　貴船をレーダスクリーン上で確認できない。
> What is the course to reach you?
> 　　　The course to reach me is X degrees.
> 　　　　☞ そちらへ向かうコースは？
> 　　　　　　☞ こちらへ向かうコースは X 度。

7.1.1.4 🔘 50

> Is your radar in operation?
> 　　　Yes, my radar is in operation.
> 　　　No, my radar is not in operation.
> 　　　　☞ 貴船のレーダは作動中か？
> 　　　　　　☞ はい，本船のレーダは作動中。
> 　　　　　　　　いいえ，本船のレーダは作動していない。
> What range scale are you using?
> 　　　I am using X miles range scale.
> Change to a [larger / smaller] range scale.
> 　　　　☞ 貴船は何マイルのレンジスケールを使用しているか？
> 　　　　　　☞ 本船は X マイルのレンジスケールを使用中。

> You are leaving my radar screen.
> Change to radar X, VHF Channel Y.
> I have lost radar contact.
>> ☞ より［大きな・小さな］レンジスケールに変更せよ。
>> 貴船はこちらのレーダスクリーンから出ようとしている。
>> レーダ X, VHF チャンネル Y に変更せよ。
>> レーダによる補足ができなくなった。

7.1.2 位置に関する指示

7.1.2.1 ◉51

> You are entering X.
> You are passing X.
> You are in the centre of the fairway.
> You are [on / not on] the radar reference line (of the fairway).
>> ☞ 貴船は X（航路・海域など）に入るところだ。
>> 貴船は X を通過中。
>> 貴船は航路の中央にいる。
>> 貴船は（航路の）レーダレファレンスライン上に［いる・いない］。

〔注〕レーダレファレンスラインとは，VTS のレーダスクリーンや，電子海図の画面に現れる航路のセンターラインを表す線。

7.1.2.2 ◉51

> You are on the D side of the fairway.
> You are approaching the D limit of the fairway.

Your position is buoy number X distance Y [metres / cables] to the D of the radar reference line.

Your position is distance X [metres / cables] to the D of the intersection of radar reference line A and radar reference line B.

☞ 貴船は航路のD側にいる。
貴船は航路のD側の端に接近中。
貴船の位置はレーダレファレンスラインのD側Y[メートル・ケーブル]のX番ブイ。
貴船の位置はレーダレファレンスラインAとBの交点からDの方向へX[メートル・ケーブル]。

7.1.2.3 ☻52

MV N has reported at reporting point X.
You are getting closer to the vessel D of you.
Vessel on opposite course is passing to the D of you.
MV N is X [metres / cables] D of you.
MV N is [ingoing / outgoing].
MV N is [at anchor / on a reciprocal course].
MV N [has stopped / will overtake to the D of you].

☞ MV Nは位置通報地点Xで(位置を)報告した。
貴船のD側の船舶に接近中。
反航船が貴船のD側を通ろうとしている。
MV Nが貴船のD側X[メートル・ケーブル]にいる。
MV Nは[港へ向かっている・港から離れている]。
MV Nは[錨泊中・反対のコースをとっている]。
MV Nは[止まった・貴船のD側を追い抜こうとしている]。

7.1.2.4 🔊52

> Vessel has anchored X [metres / cables] D of you in position P.
> Vessel D of you is obstructing your movements.
> You will meet crossing traffic in position P.
> Vessel is [entering / leaving] the fairway at X.
> Buoy X distance Y [metres / cables] D of you.
> Vessel D of you is [turning / anchoring / overtaking you / not under command].
> Vessel D of you is [increasing / decreasing] speed.
> ☞ 貴船のD側X[メートル・ケーブル]の位置Pに船舶が錨泊している。
> 　貴船のD側の船舶は貴船の動きを妨害している。
> 　貴船は位置Pにて横切り船と遭遇する。
> 　X地点にて航路[に入ろう・を出よう]としている船舶あり。
> 　貴船のD側Y[メートル・ケーブル]にブイあり。
> 　貴船のD側の船舶は[回頭中・投錨中・貴船を追い越そうとしている・航行不能]。
> 　貴船のD側の船舶はスピードを[上げている・落としている]。

7.1.3　針路に関する指示

7.1.3.1 🔊53

> Your track is [parallel with / diverging from / converging to] the reference line.

☞ 貴船の航跡はレファレンスライン[と平行で・から離れつつ・に一致しつつ]ある。

What is your present [course / heading]?

My present [course / heading] is X degrees.

☞ 貴船の現在の[針路・船首方向]は？

☞ 本船の[針路・船首方向]はX度。

Course to make good is X degrees.

You are steering a dangerous course.

☞ 実際の針路をX度にしろ。
貴船は危険な針路をとっている。

📖 解説：course（針路）は船が目指す方向，heading（船首方向）はある時点での船首の向きをさす。コンパスでは針路をある方向に一定にして航行しても，風や潮流の影響で船が実際にたどるコースは，違ってくる場合がある。このような影響を考慮に入れて，実際に取るべきコースが course to make good である。(3.4.3参照)

7.1.3.2 ◎53

Vessel D of you is on (the) same course X degrees.

Advise you keep your present course.

Advise you a new course of X degrees.

☞ 貴船のD側の船舶は貴船と同じ針路X度。
現在の針路を維持せよ。
新しい針路X度をとれ。

Have you altered course?

Yes, I have altered course. My new course is X degrees.

No, I have not altered course. My course is X degrees.

> 貴船は針路を変更したか？
>> はい，本船は針路を変更した。本船の新しい針路はX度。
>> いいえ，本船は針路を変更していない。本船の針路はX度。

7.1.3.3 🔊53

You are running into danger.
[Shallow water / Submerged wreck / Fog bank] D of you.
Risk of collision (with a vessel bearing X degrees, distance Y [kilometres / nautical miles]).
Bridge is defective.

> 貴船は危険へと向かっている。
>> 貴船のD側に[浅水域・沈没船・霧堤]。
>> （X度Y[キロ・海里]にある船舶と）衝突の危険あり。
>> 橋が壊れている。（開かないということ）

〔注〕fog bankとは水平線上に堤のようにかかる濃霧のこと。

7.2　航路通航管理 🔊54

7.2.1

Traffic clearance required before entering X.
Traffic clearance granted.
You have permission to enter the traffic [lane / route] in position P at T UTC.

> ☞ Xに入る前に通航許可が必要である。
> 通航許可が下りた。
> UTC T時に位置Pにて[航路帯・航路]に入る許可が下りている。

〔注〕traffic clearance とは船舶に対して出される通航許可のこと。

7.2.2

> Do not enter [the traffic lane / X].
> Proceed to the emergency anchorage.
> [Keep clear of / Avoid] X.
> The tide is [with / against] you.
> ☞ [航路帯・X]に入ってはならない。
> 緊急錨地へ向かえ。
> X[に近づくな・を避けよ]。
> 潮は[順流・逆流]である。

📖 解説：The tide is with you. というのは潮の干満による海水の流れが進行方向と同じことを指し，against なら進行方向と反対であることを指す。海峡など潮流の影響の大きい場所では重要な情報である。

7.2.3

> Do not pass the reporting point X until T UTC.
> Report at [the next way point / way point X / T UTC].
> You must arrive at way point X at T UTC. Your berth is clear.
> Do not arrive in position P [before / after] T UTC.

☞ UTC T 時まで位置通報地点 X を通過するな。
［次の通過点で・通過点 X で・UTC T 時に］報告せよ。
貴船は通過点 X に UTC T 時に到着しなくてはならない。貴船のバースは空いている。
UTC T 時［前・後］に位置 P に到着してはならない。

📖 解説：入港の際には，あらかじめ定められた位置に到達したら，それを VTS に連絡することになっている。この地点が reporting point と呼ばれるものである。

7.3 取り締まり 🔊55

7.3.1

According to my radar, your course does not comply with Rule 10 of COLREGS.
Your actions will be reported to the Authorities.
You are not complying with traffic regulations.
You are not keeping to the correct traffic lane.
Have all navigational instruments in operation before entering [this area / area X].
Your navigation lights are not visible.

☞ こちらのレーダによれば，貴船のコースは海上衝突予防法の第 10 条に従っていない。
貴船の行動は監理局に報告する。
貴船は通航規則に従っていない。
貴船は正しい通航路を守っていない。
［この海域・海域 X］に入る前にすべての航海計器を作動させておけ。
貴船の航海灯は見えない。

解説：COLREGS の Rule 10 は Traffic Separation Schemes（分離通航方式）に関するものである。参考までに Rule 10 の(b)にはこうある。

A vessel using a traffic separation scheme shall:
(i) proceed in the appropriate traffic lane in the general direction of traffic flow for that lane;
(ii) so far as practicable keep clear of a traffic separation line or separation zone;
(iii) normally join or leave a traffic lane at the termination of the lane, but when joining or leaving from either side shall do so at as small an angle to the general direction of traffic flow as practicable.

海上衝突予防法10条のこれに対応する部分の記述は以下の通り。

　船舶は，分離通航帯を航行する場合は，この法律の他の規定に定めるもののほか，次の各号に定めるところにより，航行しなければならない。
一　通航路をこれについて定められた船舶の進行方向に航行すること。
二　分離線又は分離線帯からできる限り離れて航行すること。
三　できる限り通航路の出入口から出入すること。ただし，通航路の側方から出入する場合はその通航路について定められた船舶の進行方向に対しできる限り小さい角度で出入しなければならない。

　A vessel using a traffic separation scheme shall: における shall は法律の条文に特徴的な用法で，「～しなくてはならない」に相当する。海技試験の英語の問題にはしばしばこのような船舶の運航などに関する法律の条文が出題される。

　夜間に航行中の動力船は前部にマスト灯，それよりも後部のより高い位置にもう一つのマスト灯，舷灯（ブリッジの左右にあり左舷が紅，右舷が緑），及び船尾灯を掲げなければならない。それぞれの灯火に対する英語は，masthead light（マスト灯） side light（舷灯） stern light（船尾灯）である。最後のフレーズの navigation lights とはこれらの灯火に対する総称である。

舷灯の左舷が紅，右舷が緑なのは，自船の右舷側から横切ってくる船舶（すなわち左舷をこちらに見せている）に対しては避航義務があり（従って紅の舷灯が見えれば赤信号で避けなければならない），逆に左舷側から横切ってくる船舶（右舷をこちらに見せている）に対しては避航義務がなく，緑の舷灯が青信号の役目を果たすからである。(Lesson 3 の 4 参照)

7.3.2

> Recover your fishing gear. You are fishing in the fairway.
> Fishing gear is to the D of you.
> Fishing in area X is prohibited.
> You are approaching a prohibited fishing area.
> Fairway speed is X knots.
> 　　☞ 漁具を取り込め。貴船は航路で漁労に従事している。
> 　　　 漁具が貴船の D 側にある。
> 　　　 海域 X での漁労は禁止されている。
> 　　　 貴船は漁労禁止区域に近づいている。
> 　　　 航路内速度は X ノットです。

7.4　安全のための連絡

7.4.1 ❂56

> It is dangerous to [anchor / remain] in your present position.
> It is dangerous to alter course to D.
> Large vessel is leaving the fairway. Keep clear of the fairway approach.
> Nets [with / without] buoys in this area.
> 　　☞ 貴船の現在の位置に[錨泊する・留まる]のは危険。

針路をDに変えるのは危険。
巨大船が航路を出ようとしている。航路入り口に近づくな。
ブイの[ついた・ない]網がこの海域にある。

7.4.2 ⊙56

Collision in position P.
MV N is [aground / on fire] in position P.
Stand by for assistance.
Vessels must [keep clear of / avoid] [this area / area X].
Keep clear of X. Search and rescue in operation.

☞ 位置Pにて衝突発生。
位置PにてMV N[が座礁・に火災]。
救助の準備をせよ。
船舶は[この海域・海域X][に近づくな・を避けよ]。
Xに近づくな。捜索救助活動中。

7.4.3 ⊙56

Your present course is too close to ～
　　[ingoing / outgoing] vessel.
　　the vessel that you are overtaking.
　　the D limit of the fairway.
Your course is deviating from the radar reference line.
You are proceeding at a dangerous speed.
You must proceed by [the fairway / route X].

> 貴船の現在の針路は ～ に近すぎる。
>   [入港・出港]する船舶
>   貴船が追い越そうとしている船舶
>   航路の D 側の境界
> 貴船のコースはレーダレファレンスラインから離れている。
> 貴船は危険な速度で航行中。
> 貴船は[航路・航路 X]を通航しなければならない。

📖 解説：fairway は船舶が航行するべき場所を示す単語で、route は航路に名前をつけた際の呼び名に使う。東京湾の浦賀水道航路は route を使って Uraga Traffic Route と呼ぶ。Uraga Traffic Route に fairway はあるが、その逆は無理。traffic lane は分離通航帯を指し、高速道路の車線のようなものと理解すれば分かりやすい。

7.4.4 🔊57

You must keep to the D of the [fairway / radar reference line].
You must stay clear of the fairway.
You must wait for MV N to cross ahead of you.
You must wait for MV N to clear X before ～
   entering fairway.
   getting underway.
   leaving the berth.
> 貴船は[航路線・レーダレファレンスライン]の D 側を航行しなければならない。
> 貴船は航路に近づいてはならない。
> 貴船は MV N が前を横切るのを待たねばならない。
> 貴船は MV N が X を通過してから

航路に入らなくてはならない。
航行を始めなくてはならない。
バースを離れなくてはならない。

7.4.5 🔊 57

Do not [overtake / cross the fairway].
Alter course to D of you.
Pass D of [ingoing / outgoing / anchored / disabled] vessel.
Pass D of [X mark / Y].
Stop engines.

☞ [追い越すな・航路を横切るな]。
針路を貴船の D に変えろ。
[入港する・出港する・錨泊している・航行不能の]
船舶の D 側を通れ。
[X 物標・Y]の D 側を通れ。
エンジン停止。

7.4.6 🔊 57

MV N wishes to overtake D of you.
MV N [agrees / does not agree] to be overtaken.
MV N is approaching obscured area X. Approaching vessels acknowledge.

☞ MV N は貴船の D 側を追い越したがっている。
MV N は追い越されることを了承[している・していない]。

> MVNは視程の悪い海域Xに近づいている。(同じ海域に)近づいている船舶はこのメッセージを了解したことを知らせよ。

7.5 運河・水門の通過 ◎58
7.5.1

> You must [close up on / drop back from] the vessel ahead of you.
> [You / Convoy X] must [wait / moor] at Y.
> You must wait for lock clearance at X until T UTC.
> You will [join convoy X / enter canal / enter lock] at T UTC.
> ☞ 貴船は前方の船舶[に近づかねば・から離れなければ]ならない。
> 　[貴船・船団X]はYにて[待たねば・繋留せねば]ならない。
> 　貴船はXにてUTC T時まで待ってから水門を通過しなくてはならない。
> 　貴船はUTC T時に[船団Xに加わる・運河に入る・水門に入る]。

7.5.2

> Transit will begin at T UTC.
> Your place in convoy is number X.
> [Transit / Convoy] speed is X knots.
> [Convoys / Vessels] will pass in area X.

☞ 通過は UTC T 時に始まる。
　船団における貴船の位置は X 番。
　[通過・船団]速度は X ノット。
　[船団・船舶]は X 区域ですれ違う。

Lesson 8
遭難通信

この課では遭難通信に必要な表現について学習する。遭難通信や次の課で学習する緊急通信は，GMDSSというシステムを使って発信されるので，まずこれを説明し，次にSMCPの具体的な遭難信号をとりあげる。

GMDSSの概要

遭難の際にはすみやかにその状況を付近の船舶や陸上のしかるべき機関に通報し，助けを求める必要がある。この目的のために 1999 年 2 月 1 日から，世界的に導入されたのが，GMDSS（Global Maritime Distress and Safety System）である。このシステムでは，船舶が航行する海域（沿岸からの距離によって分類されている）によって，船舶が備えていなければならない無線通信機器を指定し，インマルサットのような衛星を利用して，遭難した船舶が世界中のどの位置にあっても連絡が取れるようになっている。

GMDSS において，遭難信号の発信は DSC distress alert （DSC は Digital Selective Calling の頭文字をとったもの）の形で行われる。Digital Selective Calling とは，その名の通り，デジタル化した情報を相手を選んで（従って selective）送信するシステムで，GMDSSでは相手と最初のコンタクトを取る際に重要な役割を果たす。DSC を使えば，通信の内容がどのようなものか（遭

GMDSS概念図

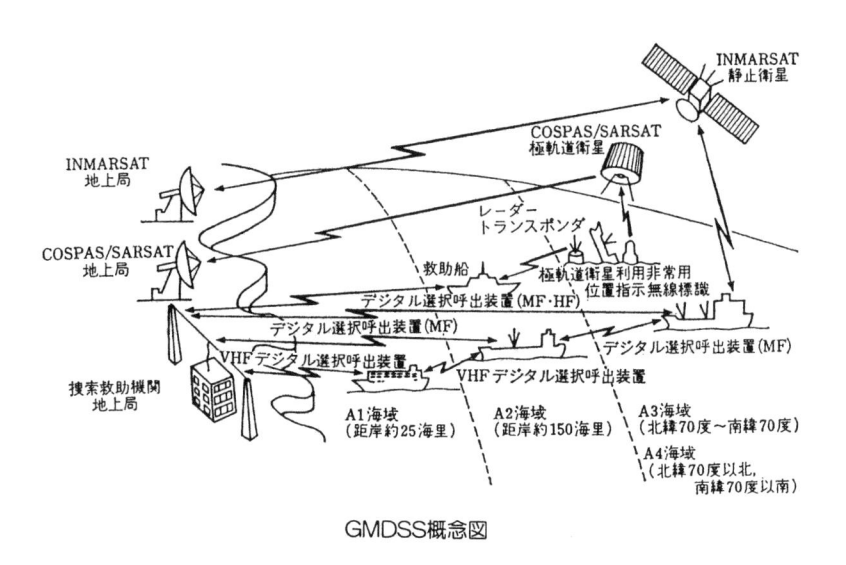

難通信,緊急通信,安全通信の別),送り手が誰か,通報地点はどこかなどの決まった情報を,ITU (International Telecommunication Union:国際電気通信連合)が決定した一定のフォーマットに従ってデジタル化し,やはり ITU によって決められた特定の周波数(VHF,HF,MFそれぞれに決まっている)で,相手を選んで通信できる。この時使われるのが,船舶に固有の 9 桁の Maritime Mobile Service Identity Code (MMSI Code)で,始めの 3 桁が国を指定し (Maritime Identification Digits と呼ばれる),残りの6桁が船舶に固有の番号である。電波で声を飛ばす際のコールサインのデジタル版と考えればわかりやすいだろう。

DSC distress alert を送信する場合には,自動的に all stations(あらゆる無線局)に向かって発信されるよう,機械が設定されている。VHF などの送受信機には distress と書かれたボタンがあるが,これを押せば自動的に DSC distress alert が発信される。これを受信した局は,VHF などを使って音声によるより具体的なやり取りに入ることになる。この際,特定のチャンネルでの交信を,遭難に関係したものに限定するため,交信の禁止 (radio silence) を求

めることがある。この場合には"Seelonce Mayday"や"Seelonce Distress"という表現が使われる。

　以下に挙げる表現は，遭難通信の際に重要なフレーズである。将来この知識を現場で生かす必要にせまられないことを切に願うが，万が一の場合適切な英語によるコミュニケーションが出来ないと，命に関わることになる。なお以下のフレーズにおいて本船にあたる I をすべて MV N に置き換え，動詞に適切な変更を加えれば，他船の遭難を報告する表現になる。

8.1　火災・爆発

8.1.1 ⊚59

> I am on fire (after explosion).
> Where is the fire?
> Fire is on deck.
> Fire is in [engine room / hold(s) / superstructure / accommodation / X].
> 　☞ 本船に（爆発後）火災発生。
> 　　火災場所は？
> 　　デッキ上に火災発生。
> 　　［機関室・船倉・甲板上建造物・居住区・X］に火災発生。

〔注〕その他火災を起こしそうな場所には，galley「調理室」mess room「食堂」などがある。

8.1.2 ⊚59

> Are dangerous goods on fire?
> 　Yes, dangerous goods are on fire.
> 　No, dangerous goods are not on fire.

> 危険な貨物は燃えているか？
>> はい，危険な貨物が燃えている。
>> いいえ，危険な貨物は燃えていない。

Is there danger of explosion?
　　Yes, danger of explosion.
　　No danger of explosion.
> 爆発の危険はあるか？
>> はい，爆発の危険あり。
>> 爆発の危険なし。

〔注〕Yes, danger of explosion. は一般の英語なら，Yes, there is danger of explosion. と言うところである。

8.1.3 ⊙59

Is fire under control?
　　Yes, fire is under control.
　　No, fire is not under control.
> 鎮火できるか？
>> はい，鎮火できる。
>> いいえ，鎮火できない。

〔注〕SMCP では質問では the　fire と冠詞をつけ，答えには冠詞を使っていないが，本書では the を抜かしておいた。火が燃え広がっているようなら，Fire is spreading. と言えばよいだろう。

8.1.4 ⊙60

What kind of assistance is required?
　　I do not require assistance.
　　I require ～

[fire fighting assistance / fire pumps].
breathing apparatus. Smoke is toxic.
[foam / CO_2] extinguishers.
[medical assistance / X].
☞ いかなる援助が必要か？
　　☞ 本船は援助を必要としない。
　　本船は
　　　　[消火援助・消火ポンプ] を要請する。
　　　　呼吸装置を要請する。煙は有毒。
　　　　[泡・二酸化炭素]消火器を要請する。
　　　　[医療援助・X]を要請する。

📖 解説：船舶で使われる消火器には，家庭でもよく見かける泡の出る消火器と，二酸化炭素を吹きかけて消火するタイプの消火器がある。後者は配電盤，コントロールパネルなど電気系統の火災に用いる。泡消火器では電気を通すので，ショートしてしまうからである。What kind of assistance is required? はどんな遭難の場合でも共通して使用できる。SMCP ではすべての遭難の項目において，繰り返しこのフレーズを挙げているが，本書では冗長であるため割愛し，それぞれの遭難のタイプに合わせて，必要とされるであろう援助についてのみ記述してある。

8.1.5 ☻60

Report injured persons.
　　No person injured.
　　Number of [injured persons / casualties]: X.
　　　　☞ 負傷者を報告せよ。
　　　　　　☞ 負傷者なし。
　　　　　　　　[負傷者・死亡者]数は X。

📖 解説：一般の英語では casualties は死んだり負傷したりした人々，すなわ

ち死傷者をさすが，SMCP では両者を明確に区別するため負傷者には injured person, 死亡者には casualty を使っている。火事で火傷をしたりガス中毒になった人がでた場合には，X person(s) suffered [severe burns / gas poisoning].「X 名が[大やけど・ガス中毒]。」のように報告すればよい。軽度の火傷なら，slight burns と言う。

8.2 浸　　水　◎61

8.2.1

> I am flooding below water line.
> I am making water.
> I cannot control flooding.
> 　　　☞ 本船は水線下に大規模な浸水あり。
> 　　　　 本船は浸水中。
> 　　　　 本船は浸水をコントロールできない。

〔注〕flood は大規模な浸水を指し，make water は比較的規模の小さいものを指す。

8.2.2

> I require [pumps / divers / escort / tug assistance].
> 　 I will send [pumps / divers / X].
> 　 I cannot send X.
> 　　　☞ 本船は[ポンプ・ダイバー・エスコート・曳船援助]を要請する。
> 　　　　　☞ [ポンプ・ダイバー・X]を送ります。
> 　　　　　　 X を送ることはできません。
> I have dangerous list to [port / starboard].
> I am in critical condition.

Flooding is under control.
I can proceed without assistance.
☞ 本船は［左舷・右舷］に大きく傾き危険です。
本船は非常に危険な状態にあります。
浸水はおさまりました。
援助なしに航行できます。

8.3 衝　　突 ◎62

8.3.1

I have collided with 〜
　　MV N.
　　unknown [vessel / object].
　　N light vessel.
　　seamark N.
　　[iceberg / X].
　　　　☞ 本船は
　　　　　　MV N と衝突した。
　　　　　　未確認の［船舶・物体］と衝突した。
　　　　　　N 灯船（N は灯船の名前）と衝突した。
　　　　　　航路標識 N（N は海図上の名称）と衝突した。
　　　　　　［氷山・X］と衝突した。

📖 解説：I have collided with X. の形で，現在完了が使われているのは，衝突の直後の報告を仮定しているからである。時刻とともに報告する場合は，当然過去時制が用いられる。例： I collided with unknown vessel at 13:23 UTC.
　なお灯船とは，灯台の役目を果たす一定の地点に繋留された船のことである。その他に衝突しそうなものには，fishing boat（漁船）等がある。

8.3.2

> Report damage.
>   I have ([minor / major]) damage [above / below] water line.
>   [Propeller / Rudder] damaged.
>   I can only proceed at slow speed.
>   I cannot repair damage.
>   ☞ 損傷を知らせよ。
>   ☞ 水線[上・下]に([軽微な・重大な])損傷。
>   [プロペラ・舵]に損傷あり。
>   本船は低速でのみ航行可能。
>   損傷の復旧は不可能。

8.4　座　　礁　☉63

8.4.1

> I am aground.
> I went aground at [high / half / low] water.
>   ☞ 本船は座礁している。
>   本船は[満潮・間潮・干潮]で座礁した。
> What part of your vessel is aground?
>   Aground [forward / amidships / aft / full length].
>   ☞ 座礁部分は？
>   ☞ [前部・中央部・後部・全体]が座礁。
> Warning. Uncharted rocks in position P.
> Risk of grounding at low water.

☞ 警告。位置Pに海図にない岩礁あり。
干潮時に座礁の危険あり。

8.4.2

I will jettison cargo to refloat.
  Warning. Do not jettison IMO-class cargo.
    ☞ 再浮上のため積荷を海中投棄する。
      ☞ 警告。IMO指定の積荷を海中投棄してはならない。

When do you expect to refloat?
  I expect to refloat at T.
  I expect to refloat when [tide rises / weather improves / draft decreases].
  I expect to refloat with tug assistance.
    ☞ いつ再浮上できそうか？
      ☞ 時刻Tに再浮上の見込み。
        [潮が上げたら・天候が回復したら・喫水が下がったら]再浮上の見込み。
        タグの援助を受け再浮上の見込み。

8.4.3

Can you beach?
  Yes, I [can / will] beach in position P.
  No, I cannot beach.

> ☞ 任意座礁可能か？
>> ☞ はい，位置Pに任意座礁[可能・する]。
>> いいえ，任意座礁できない。

📖 解説：任意座礁とは，文字通り故意に座礁することである。例えば沿岸で他の船舶と衝突し，船体に大きな穴があき，そのままでは沈没の危険がある場合など，わざと浅瀬に乗り上げてしまえば，沈没という最悪の事態を免れることができる。

8.5 傾斜と転覆の危険 ☉64

> I have dangerous list to [port / starboard].
> I will [transfer cargo / jettison cargo / transfer bunkers] to stop listing.
> I am in danger of capsizing. (List increasing.)
>> ☞ 本船は[左舷・右舷]に大きく傾き危険です。
>> 傾きを止めるため[積荷を移動・積荷を海中投棄・燃料を移動]します。
>> 本船は転覆の危険あり。(傾きが増加中。)

📖 解説：積荷が崩れて片側に寄ったりすると，船が大きく傾き転覆する危険が生じる。船の燃料は複数のタンクに分けて貯蔵されており，傾きやトリムを調節するために，別のタンクに移動させることができる船もある。例えば左舷側のタンクから，右舷側のタンクへと移動させれば，船は右舷側に傾く。航海中は傾きやトリムを考えながら，使うタンクを変える。bunker はもともと石炭などの貯蔵庫を指していた言葉だが，石炭が主な燃料であった頃の名残で，複数形の bunkers（船にはそのような貯蔵庫が複数あったせいであろう）が，現在の海事英語では「燃料」を指す。

　bunker はまた動詞として船に「給油する」という意味で使われることがあり，

bunkering と言えば「給油」を指す。タンカーでは積荷の原油を cargo oil, 自船の燃料を bunker oil とか fuel oil と呼んで区別することがある。ちなみに潤滑油にあたる英語は lubricating oil である。

8.6　沈没，船体放棄　🔊64

> I am sinking after [collision / grounding / flooding / explosion / X].
> [I / Crew of MV N] must abandon vessel after [explosion / collision / grounding / flooding / piracy / armed attack / X].
> 　　☞ 本船は[衝突・座礁・浸水・爆発・X]の後，沈没中。
> 　　　 [本船・MVN の乗組員]は[爆発・衝突・座礁・浸水・海賊の攻撃・武装攻撃・X]の後，船体放棄しなくてはならない。

📖 **解説**：沈没，火災などの理由により船を捨てなければならないのは，最悪の事態である。キャプテンが総端艇部署（abandon vessel station）を命じると，7短1長（7回短くそれに続けて1回長く鳴る）のアラームが鳴らされる。総員はデッキに集まり，各自に割り振られた救命艇，もしくは救命いかだに乗り移る準備をする。キャプテンはこの際一人船橋にあって指揮をとり，最後に船を離れる。

　救命艇（lifeboat）は，davits（2本1組のボートを船から下ろしたり，船に上げたりする柱）を使って海面に降ろす救命ボートで，救命いかだ（liferaft）は，海中に落とされると自動的に膨らむ仕組みになっている。「いかだ」といっても丸太を組み合わせたようなものではない。

　GMDSS は携帯式の VHF トランシーバーと SART の装備を義務付けている。
　SART は Search and Rescue（Radar）Transponder の略語で，電波を発信して，救助に向かう船舶や航空機のレーダスクリーン上に点線を映し出すと同

▲ lifeboat

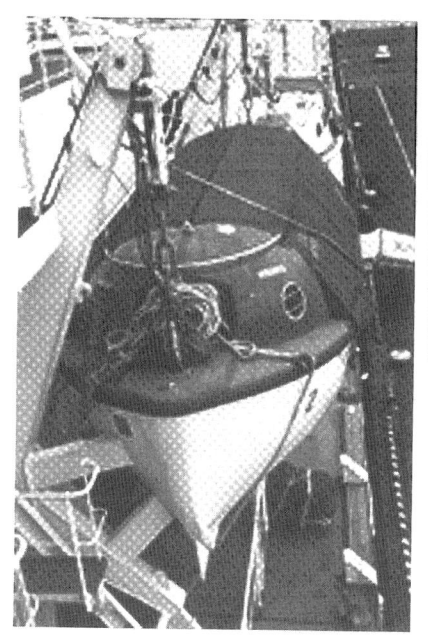

▲ life raft

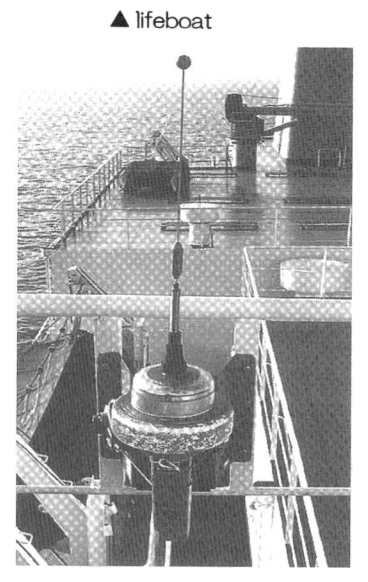

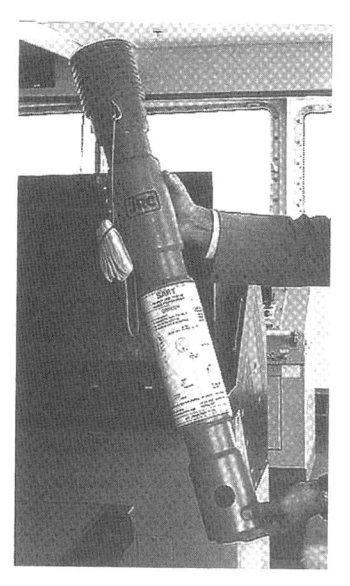

◀ EPIRB

▲ SART

時に，レーダの電波を受信すると，光ったり鳴ったりする。救命艇に乗り移る際にはこれを船橋から持っていくわけである。

また船には EPIRB (Emergency Position Indicating Radio Beacon の略で，「イーパーブ」と発音する) が積まれており，船が沈むと自動的にスイッチが入り (もちろん自分で入れて海に放り込んでもよい)，浮き上がって電波を出し続ける。この電波は人工衛星によってキャッチされ，遭難地点が確認できるシステムになっている。

8.7　航行不能状態での漂流　◎65

I am [not under command / adrift].
I am adrift near position P.
I am drifting at X knots to D.
　　　☞ 本船は[航行不能・漂流中]。
　　　　本船は位置 P 付近で漂流中。
　　　　本船は X ノットで D に向かって漂流中。

📖 解説：not under command　とは海上衝突予防法に従って操船できない場合を指す。飛行機ではエンジンが止まれば墜落して大惨事になるが，船では幸なことに漂流という手段が残されている。なんらかの理由で主機が停止しても，船が沈むわけではないので，漂流しながら修理するか，どうしても復旧できない場合には曳船の到着を待つことになる。

8.8　武器による攻撃・海賊行為　◎65

I [am / was] under attack of pirates.
I require navigational assistance.
I require military assistance.
I have damage to navigational instruments.

> 本船は海賊に襲われ［ている・た］。
> 本船は航行援助を要請する。
> 本船は軍の援助を要請する。
> 本船は航海計器に損傷をうけた。

Can you proceed?
　Yes, I [can / will] proceed.
　No, I [cannot / will not] proceed.
　　> 航行可能か？
　　　> はい，航行［可能・を開始する］。
　　　　いいえ，航行は［不可能・開始しない］。

📖 解説：一部の海域での頻繁な海賊の出没は大きな国際問題となっている。高速艇で船に近寄り乗り移って，乗組員から金品を強奪し，ブリッヂの計器を壊して逃げたり，乗組員を皆殺しにして船ごと積荷を奪ったりと，手口は様々である。ちなみに水先人の pilot[pailət] と海賊の pirate[pairət] は l と r が異なるだけで，あとは同じ発音である。

8.9　その他の遭難通報 ◎65

I have problems with [cargo / engine(s) / navigation].
I have problems with mass disease.
　　> ［積荷・エンジン・航行］に問題あり。
　　　多数の病人がでた。

📖 解説：船内では乗組員が限られた空間で生活するため，一人が伝染性の病気にかかると全員に伝染する可能性が高い。また食事も同じものを食べるため，食中毒が出れば全員が影響を受ける。

8.10 海中転落 ◎66
8.10.1

> I have lost person overboard in position P.
> Assist with search in vicinity of position P.
> All vessels in vicinity of position P, keep sharp lookout and report to X.
> 　　☞ 本船から位置Pにて人が海に落ちた。
> 　　　　位置Pの周辺での捜索を補助せよ。
> 　　　　位置P周辺のあらゆる船舶は注意深く見張りを
> 　　　　行いXに報告せよ。

📖 解説：海中に人が落ちたのを見たら，直ちに Man overboard!「人が落ちたぞー」と叫び，近くの救命浮き輪（life buoy）を海中に投下する。落ちた人を目視できる場合には，この人から決して目を離さないようにする。ひとたび見失うと発見が困難になるからである。

8.10.2

> I am proceeding for assistance. ETA [at T UTC / within X hours].
> Search in vicinity of position P.
> I am searching in vicinity of position P.
> Aircraft ETA [at T UTC / within X hours] to assist in search.

> 本船は援助に向かっており，到着予定時刻は[UTC T 時・X 時間以内]。
> 位置 P 周辺を捜索せよ。
> 本船は位置 P 周辺を捜索中。
> 捜索補助の航空機の到着予定時刻は[UTC T 時・X 時間以内]。

8.10.3

Can you continue search ?
 Yes, I can continue search.
 No, I cannot continue search.
  ☞ 貴船は捜索を続行できるか？
   ☞ はい，本船は捜索を続行できる。
   いいえ，本船は捜索を続行できない。
Stop search.
Return to X.
Proceed with your voyage.
  ☞ 捜索を打ち切れ。
  X に帰還せよ。
  航海を続けよ。
What is the result of search?
 The result of search is negative.
  ☞ 捜索の結果は？
   ☞ 捜索の結果は失敗です。

8.10.4

> I [located / picked up] person(s) in position P.
> Person picked up is [crew member / passenger] of MV N.
> 　　☞ 本船は位置 P にて転落者を[発見・収容]。
> 　　　　収容者は MV N の[乗組員・乗客]。
> What is condition of person(s)?
> 　　Condition of person(s) [bad / good].
> 　　Person(s) dead.
> 　　　　☞ 収容者の容態は？
> 　　　　　　☞ 収容者の容態は[悪い・良い]。
> 　　　　　　　収容者は死んでいる。

〔注〕crew は乗組員全体を指すことばで，例えば This ship has a crew of 25.「本船には25名の乗組員がいる」のように使う。一人一人の乗組員を指す場合には，a crew member を使う。

8.11　遭難通信の例 ◎67

　GMDSS における DSC（Digital Selective Calling）遭難警報の受信報告を受けたら，VHF の 16 チャンネルすなわち 2182 kHz で，以下のように遭難通信を行う。

　MAYDAY のあとに 9 桁の Maritime Mobile Service Identity Code（MMSI Code），船名，コールサイン，船の位置を述べ，遭難の種類，必要な援助，その他の重要な情報を続ける。

例：

MAYDAY
THIS IS TWO, ONE, ONE, TWO THREE, NINE, SIX, EIGHT, ZERO
MOTOR VESSEL "BIRTE" CALL SIGN DELTA ALPHA MIKE KILO
POSITION SIX TWO DEGREES ONE ONE DECIMAL EIGHT MINUTES NORTH
ZERO ZERO SEVEN DEGREES FOUR FOUR MINUTES EAST
I AM ON FIRE AFTER EXPLOSION
I REQUIRE FIRE FIGHTING ASSISTANCE
SMOKE NOT TOXIC
OVER

　DSCを使わないVHFのみの遭難通信はMaydayを3度繰り返してから始めるが，GMDSSに基づいたSMCPの例では1度しか使われていない。これはDSC distress alertですでに遭難通信であることが明白なので，これ以上注意を喚起する必要がないためだと思われる。

Lesson 9

捜索救助活動

　この課では遭難信号を発信した後のやりとりや，捜索救助活動（SAR：Search and Rescue）で使われる表現を学習する。GMDSSでは沿岸の無線局（コーストガードなど）と，付近の船舶が協力して捜索救助活動に当たる際に，海難現場で指揮を取る海難現場調整者（船）（OSC：On-Scene Co-ordinatorの略）を指定することがある。OSCの指揮のもとで，複数の船が協力して捜索や救助にあたるわけである。

9.1　捜索救助の依頼

9.1.1 ☻68

> How many persons on board?
>> Number of persons on board : X.
>>> ☞ 貴船の乗船者数は？
>>>> ☞ 乗船者数 X。
>
> Will you abandon vessel?
>> I will not abandon vessel.
>> I will abandon vessel at T UTC.

> ☞ 船体放棄するか？
>> ☞ 船体放棄はしない。
>> UTC T 時に船体放棄する。

9.1.2 ◎68

> Is your EPIRB switched on?
>> Yes, my EPIRB is [switched on / inadvertently switched on].
>>> ☞ 貴船のイーパーブのスイッチは入っているか？
>>>> ☞ はい，本船のイーパーブのスイッチは［入っている・誤って入れてしまった］。
>
> Did you transmit a DSC distress alert?
>> Yes, I did transmit.
>> No, I inadvertently transmitted.
>>> ☞ 貴船は DSC 遭難警報を発信したか？
>>>> ☞ はい，発信した。
>>>> いいえ，誤って発信した。

📖 解説：GMDSS システムの現在の最大の弱点は，誤った遭難警報の多さである。DSC 用の送受信機の複雑さなど，理由はいろいろ考えられるが，GMDSS がまさに global であるがために，どう考えても助けに行けないような遠く離れた海域での，しかも誤って発信された遭難警報が受信されることもある。SMCP では inadvertently という堅苦しい表現を使っているが，おそらくは It was a false alert. とか，I transmitted it by mistake. のように言われることが多いだろう。

9.1.3 🔘 68

> How many [lifeboats / life rafts] (with how many persons) will you launch?
>
>   I will launch X [lifeboats / life rafts] (with Y persons).
>
>   ☞ (何人乗った)［救命艇・救命いかだ］を何艇降ろすか？
>
>   ☞ (Y 人乗った)［救命艇・救命いかだ］を X 艇降ろす。
>
> How many persons will stay on board?
>
>   No person will stay on board.
>
>   X persons will stay on board.
>
>   ☞ 船内に留まる人数は？
>
>   ☞ 船内には誰も留まらない。
>
>   船内には X 人留まる。

〔注〕launch の発音であるが，/lɔːntʃ/「ローンチ」であって「ラウンチ」ではない。英語の綴り字 "au" は，規則的に「オー」とのばして発音される。August や autumn を「アウガスト」や「アウタム」と読まないように，launch を「ラウンチ」と発音してはならない。

9.1.4 🔘 69

> What is the weather situation in your position?
>
>   Wind D, force Beaufort X.
>
>   Visibility [good / moderate / poor].
>
>   [Smooth / Moderate / Rough / High] sea from D.
>
>   [Slight / Moderate / Heavy] swell from D.
>
>   Current X knots to D.

> ☞ 貴船の位置での気象状況は？
>> ☞ 風向 D，風力 X。
>> 視程は[良好・中程度・悪い]。
>> D の方角から，[ゆるやかな・中程度の・高い・非常に高い]波。
>> D の方角から，[ゆるやかな・中程度の・大きな]うねり。
>> 潮流は X ノットで，D に向かっている。

📖 解説：風向は方角を言えばいつも「～から」を表す。北風といえば日本語でも北から吹いてくる風だが，英語でも同じである。波や潮流となると用法は曖昧で，SMCP でも from や to を使って明示している。

波（sea）は風によって局地的に起こされるもので，うねり（swell）は波よりも周期の長いものを指す。台風や低気圧の影響で生じたうねりが長い距離を伝わり，ある船舶が航行中の地点ではそれほど風がなくても船が大きく揺れることがある。

9.1.5 🔊 69

> Are there dangers to navigation?
> No dangers to navigation.
> Warning! [Uncharted rocks / ice / abnormally low tides / mines / X].
>> ☞ 航行上の危険はあるか？
>>> ☞ 航行上の危険はない。
>>> 警告。[海図にない岩礁・氷・異常低潮・機雷・X]。

9.2 捜索救助メッセージの受信確認と中継 🔊70

9.2.1

> Received MAYDAY from MV N at T UTC on [channel X / frequency X].
> Vessel in position P ～
> 　　[on fire / had explosion].
> 　　[flooded / in collision (with X) / listing / in danger of capsizing].
> 　　[sinking / disabled and adrift / abandoned].
> 　　　☞ MV NよりUTC T時に[Xチャンネル・周波数X]でMAYDAYを受信した。
> 　　　　位置Pの船舶は
> 　　　　　　[炎上中・爆発した]。
> 　　　　　　[浸水している・(Xと)衝突した・傾いている・転覆の危険がある]。
> 　　　　　　[沈没中・航行不能で漂流中・船体放棄されている]。

📖 解説：遭難を伝えるMaydayを受信した船舶は，この遭難通報に対する応答があるかをモニターし，何も無ければ，その遭難通報を他の局に向かって中継する。これがMayday relayである。遭難した船の電波が弱く，遠くまで届かないといったことが考えられるからである。もちろん遭難した船が自分のすぐ近くなら，助けに行くことになるが，それでもしかるべき機関（コーストガードなど）に遭難を伝えるべきであろう。

9.2.2

> Received your MAYDAY.
> My position P.
> I will proceed to your assistance.
>   ☞ 貴船の MAYDAY を受信した。
>   本船の位置は P。
>   本船は貴船の援助に向かう。
>
> When will [you / assistance] arrive?
> [I / Assistance] will arrive [within X hours / at T UTC].
> ETA at distress position [within X hours / at T UTC].
>   ☞ [貴船 / 援助]はいつ到着するか？
>   ☞ [本船 / 援助]は[X 時間以内に・UTC T 時に]
>   到着する。
>   遭難地点への到着予定時刻は[X 時間以内・
>   UTC T 時]。

9.3　捜索救助活動

9.3.1 ◉71

> I will act as On-scene Co-ordinator.
> I will show following [signals / lights]:
>   ☞ 本船は海難現場調整船をつとめる。
>   本船は以下の[信号・灯火]を表示する。
>
> Can you proceed to distress position?
> Yes, I can proceed to distress position.
> No, I cannot proceed to distress position.

☞ 貴船は遭難現場へ向かえるか？
　　☞ はい，本船は遭難現場へ向かえる。
　　　いいえ，本船は遭難現場へ向かえない。

9.3.2 ◉71

What is your ETA at distress position?
　My ETA at distress position [within X hours / at T UTC].
　　☞ 貴船の遭難現場への到着予定時刻は？
　　　　☞ 本船の遭難現場到着予定時刻は[X 時間以内・UTC T 時]。
MAYDAY position is not correct.
Correct MAYDAY position is P.
Vessels are advised to proceed to position P to start rescue.
Carry out search pattern X starting at T UTC.
Carrying out search pattern X starting at T UTC.
　　☞ MAYDAY 通報の位置は正しくない。
　　　正しい MAYDAY 通報の位置は P。
　　　諸船舶は救命作業開始のため位置 P に向かわれたい。
　　　捜索パターン X を UTC T 時に実行せよ。
　　　捜索パターン X を UTC T 時に実行する。

📖 解説：捜索パターンとは，特定の海域で遭難者を捜索する際に，捜索にあたる船舶が航行するパターンのことで，MERSAR (Merchant Ship Search and Rescue Manual) などで決まっている。複数の船舶が協力して捜索にあた

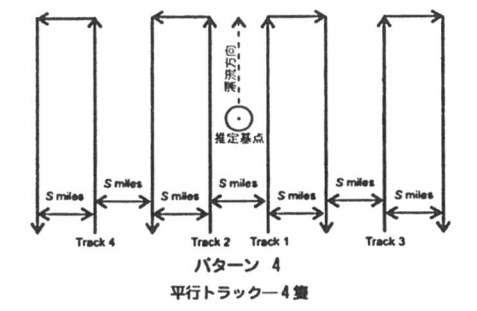

る場合には，遭難海域で互いに一定の距離を保って進み，しらみつぶしに捜索する方法もある。このとき各船舶に割り当てられたコースが，次に出てくるtrack である。

9.3.3 ☉72

> Initial course X degrees, search speed Y knots.
> Carry out radar search.
> MV N allocated track number X.
> [MV / MVs] N (and M), adjust interval between vessels to X [kilometres / nautical miles].
> Adjust track spacing to X [kilometres / nautical miles].
> ☞ 初期針路はX度，捜索速度はYノット。
> レーダによる捜索を実行せよ。
> MV N はトラック番号 X を割り当てられている。
> MV N（及びM）は船舶間の距離をX[キロ・海里]に保て。
> トラック間の距離をX[キロ・海里]に保て。

〔注〕MVs は Motor Vessels と発音する

9.3.4 ☉72

> Search speed now X knots.
> Alter course to X degrees (at T UTC).
> Alter course for next leg of track [now / at T UTC].
> We resume search in position P.
> Crew has abandoned [vessel / MV N].
> Keep sharp lookout for [lifeboats / life rafts / persons in water / X].

> 捜索速度は現在 X ノット。
> （UTC T 時に）針路を X 度に変更せよ。
> 次のトラックのために［直ちに・UTC T 時に］針路を変更せよ。
> 我々は位置 P にて捜索を再開する。
> 乗組員は［船体・MV N］を放棄した。
> ［救命艇・救命いかだ・海中の遭難者・X］に注意してしっかり見張れ。

〔注〕leg は航海の全行程の中の一部を指す単語であるが，ここでは捜索のために割り振られたあるトラックを航行することを，leg を使って表している。

9.4　捜索救助活動の終了

9.4.1 🔘73

What is the result of search?
The result of search is negative.
Sighted vessel in position P.
Sighted [lifeboats / life rafts / lifejackets] in position P.
Sighted [persons in water / X] in position P.
> 捜索の結果は？
>> 捜索の結果は失敗です。
>> 位置 P で船舶を発見。
>> 位置 P にて［救命艇・救命いかだ・救命胴衣］発見。
>> 位置 P にて［水中に人・X］発見。

〔注〕発見したものが一つもしくは一人なら lifeboat, life raft, person in water のように単数にする。一般の会話ではもちろん不定冠詞の a が用いられるところである。

9.4.2 🕭 73

> Can you pick up survivors?
> 　Yes, I can pick up survivors.
> 　No, I cannot pick up survivors.
> 　I will proceed to pick up survivors.
> 　　☞ 生存者を収容できるか？
> 　　　☞ はい，生存者を収容できます。
> 　　　　いいえ，生存者を収容できません。
> 　　　　本船は生存者を収容に向かいます。
> Stand by at [lifeboats / liferafts].
> 　　　☞ [救命艇・救命いかだ]の配置につけ。

9.4.3 🕭 73

> Picked up X [survivors / lifejackets] in position P.
> Picked up X in position P.
> Picked up [lifeboat / liferaft] (with X [persons / casualties]) in position P.
> Picked up X [persons / casualties] in lifejackets in position P.
> 　　☞ 位置 P で X [名の生存者・着の救命胴衣]を収容した。
> 　　　位置 P で X を収容した。
> 　　　位置 P で([X 名・X 名の死者]を乗せた) [救命艇・救命いかだ]を収容した。
> 　　　位置 P で救命胴衣をつけた X 名の[漂流者・死者]を収容した。

9.4.4 🔘74

> Survivors in [bad / good] condition.
> Try to obtain information from survivors.
> There are [still X / no more] [lifeboats / liferafts] with survivors.
> Total number of persons on board was X.
> [All / X] persons rescued.
> ☞ 生存者の容態は[悪い・良い]。
> 　　生存者から情報を集める努力をせよ。
> 　　生存者を乗せた[救命艇・救命いかだ][がまだX隻残
> 　　っている・はもうない]。
> 　　乗船者の総員はX名だった。
> 　　[全員・X名]が救助された。

9.4.5 🔘74

> You may stop search and proceed with voyage.
> There is no hope to rescue more persons.
> We finish with SAR-operations.
> ☞ 貴船は捜索を打ち切り航海を続けてよい。
> 　　これ以上の人間を救出する見込みはない。
> 　　我々は捜索救助活動を終了する。

9.5　医療援助の要請　🔘75

9.5.1

> I require medical assistance.
> I require boat for hospital transfer.

I require radio medical advice.

I require helicopter [with doctor / to pick up person(s)].

☞ 本船は医療援助を要請する。

本船は病院への移送のためのボートを要請する。

本船は無線による医療アドバイスを要請する。

本船は[医師を乗せた・人（傷病者）の移送のための]ヘリコプターを要請する。

9.5.2

I will send [boat / helicopter with doctor / helicopter to pick up person(s)].

I will arrange for radio medical advice on [VHF channel X / frequency Y].

[Boat / Helicopter] ETA [within X hours / at T UTC].

☞ こちらは[ボート・医師を乗せたヘリコプター・人の移送のためのヘリコプター]を送る。

こちらは[VHF チャンネル X・周波数 Y]で無線による医療アドバイスの手配をする。

[ボート・ヘリコプター]の到着予定時刻は[X 時間以内・UTC T 時]。

9.5.3

Do you have doctor on board?

Yes, I have doctor on board.

No, I have no doctor on board.

> 医師は乗船しているか？
>> はい，医師が乗船している。
>> いいえ，医師は乗船していない。

Can you make rendezvous in position P?
　Yes, I can make rendezvous in position P [within X hours / at T UTC].
　No, I cannot make rendezvous.
> 貴船は位置 P でランデブーできるか？
>> はい，本船は位置 P にて[X 時間以内に・UTC T 時に]ランデブーできる。
>> いいえ，本船はランデブーできない。

9.5.4

I will send [boat / helicopter] to transfer doctor.
Transfer person(s) to [my vessel / MV N] by [boat / helicopter].
Transfer of person(s) not possible.
> こちらは医師を移乗させるため[ボート・ヘリコプター]を送る。
> [ボート・ヘリコプター]で[本船・MV N]に人（傷病者）を移送せよ。
> 人（傷病者）の移送はできない。

9.6　ヘリコプターとの交信
　　（H: = helicopter ヘリコプター　　V: = vessel 船舶）

9.6.1 🔊76

V: I require a helicopter to pick up persons.
　 I require a helicopter with [doctor / life raft / X].
H: MV N, I will drop X.

V: 本船は乗組員下船のためのヘリコプターを要請する。
本船は[医師・救命いかだ・X]を乗せたヘリコプターを要請する。
H: MV N, こちらは X を投下する。
H: MV N, are you ready for the helicopter?
V: Yes, I am ready for the helicopter.
No, I am not ready for the helicopter (yet).
Ready for the helicopter in X minutes.
H: MV N, ヘリコプターを受け入れる準備はできたか？
V: はい，ヘリコプターを受け入れる準備ができた。
いいえ，ヘリコプターを受け入れる準備は（まだ）できていない。
X 分後にヘリコプターを受け入れる準備ができる。

9.6.2 🎧 76

H: MV N, helicopter is on the way to you.
MV N, what is your position?
V: My position P.
H: MV N, what is your present course and speed?
V: My present course is X degrees, speed is Y knots.
H: MV N, make identification signals.
V: I am making identification signals.
I am making identification signals by [smoke (buoy) / search light / flags / signalling lamp / X].
H: MV N, you are identified.

> H: MV N, ヘリコプターが貴船に向かっている。
> 　　　MV N, 貴船の位置は？
> V: 本船の位置は P。
> H: MV N, 貴船の現在の針路と速力は？
> V: 本船の針路 X 度，速力 Y ノット。
> H: MV N, 識別信号を表示せよ。
> V: 識別信号表示中。
> 　　　[発煙筒（ブイ）・サーチライト・旗・信号灯・X] で識別信号表示中。
> H: MV N, 貴船を識別した。

9.6.3 🔘77

> H: MV N, what is the relative wind direction in degrees and knots?
> V: The relative wind direction X degrees and Y knots.
> H: MV N, keep the wind on [starboard / port] bow.
> 　　　MV N, keep the wind on [starboard / port] quarter.
> 　　　MV N, indicate the [landing / pick-up] area.
> V: The [landing / pick-up] area is X.
> 　　　　H: MV N, 相対風向及び風速は何度，何ノットか？
> 　　　　V: 相対風向及び風速は X 度，Y ノット。
> 　　　　H: MV N, [右舷・左舷] 船首に風を受けよ。
> 　　　　　　　MV N, [右舷・左舷] 後部に風を受けよ。
> 　　　　　　　MV N, [着陸・収容] 地点を示せ。
> 　　　　V: [着陸・収容] 地点は X。

📖 解説：航行中に船上で観察される風向・風速は，実際の風向や風速に船の

針路と速度の影響が加わった相対的なものである．そこで船の針路・速力の影響を差し引いて実際の風向・風速を求めるわけだが，ここではそうする以前の相対的な風向と風速をたずねている．この課では海難救助の目的でヘリコプターがやってくる想定になっているが，パイロットがヘリコプターで移乗することもある．

9.6.4 ◉77

> H: MV N, can I land on deck?
> V: Yes, you can land on deck.
>   No, you cannot land on deck (yet).
>   You can land on deck in X minutes.
> H: MV N, I will use [hoist / double lift].
>   MV N, I will use rescue [sling / basket / net / litter / seat].
>   H: MV N，甲板に着陸可能か？
>   V: はい，甲板に着陸可能．
>   いいえ，（まだ）甲板には着陸不可能．
>   X分後に甲板に着陸可能．
>   H: MV N，本機は[吊り上げ装置・ダブルリフト]を使用する．
>   MV N，本機は救助用[スリング・バスケット・ネット・担架・シート]を使用する．

9.6.5 ◉77

> V: I am ready to receive you.
> H: MV N, I am [landing / taking off].
>   MV N, I am starting operation.
>   MV N, do not fix the hoist cable.
>   MV N, operation finished.

V: 本船は受け入れ準備が整った。
H: MV N, 本機は[着陸・離陸]する。
　　MV N, 作業を開始する。
　　MV N, 吊り上げケーブルを固定するな。
　　MV N, 作業終了。

Lesson 10
緊急通信および安全通信

この課では緊急通信および安全通信に使われる表現を学習する。

10.1 緊急通信 ◎78

緊急通信は遭難通信と違い，人命に関わる重大な危険を伴わない緊急事態の通報に用いられる。

10.1.1 故　　障

What problems do you have?
　　I have problems with [engine(s) / steering gear / propeller / X].
　　I am manoevring with difficulty.
　　Keep clear of [me / MV N].
　　I try to proceed without assistance.
　　　　☞ トラブルは何か？
　　　　　　☞ [機関・操舵機・プロペラ・X]にトラブル発生。
　　　　　　本船は操船困難。
　　　　　　[本船・MV N]を避けよ。
　　　　　　本船は援助なしに航行を試みる。

10.1.2 積　　荷

> I have lost dangerous substance of IMO-Class X in position P.
> [Containers / Barrels / Drums / Bags / X] with dangerous goods of IMO-Class X adrift near position P.
> I am spilling [dangerous goods of IMO-Class X / crude oil / X] in position P.
> I require oil clearance assistance. Danger of pollution.
> MV N in position P requires oil clearance assistance. Danger of pollution.
> I am dangerous source of radiation.
> 　　☞ 本船は IMO 指定 X の危険物を位置 P にて海中に落とした。
> 　　　　IMO 指定 X の危険物が入った[コンテナ・樽・ドラム缶・袋・X]が位置 P 付近を漂流中。
> 　　　　本船は位置 P にて[IMO 指定 X の危険物・原油・X]を流失している。
> 　　　　油除去の援助を要請する。汚染の危険あり。
> 　　　　位置 P の MV N は油除去の援助を要請している。汚染の危険あり。
> 　　　　本船は放射能汚染源につき危険。

10.1.3　氷による損傷

> I require ice-breaker assistance.
> I have stability problems. Heavy icing.
> 　　☞ 本船は砕氷船の援助を要請する。
> 　　　　本船は復元性に問題あり。結氷が激しい。

10.2 緊急通信の例 ◎79

GMDSS における DSC（Digital Selective Calling）緊急通報を発信した後，VHF の 16 チャンネルすなわち 2182 kHz で，以下のように緊急通信を行う。

PAN-PAN を 3 度，さらに ALL STATIONS を 3 度繰り返す。次に 9 桁の Maritime Mobile Service Identity Code（MMSI），船名，コールサイン，船の位置を述べ，緊急通信の内容を続ける。

例：
PAN-PAN, PAN-PAN, PAN-PAN
ALL STATIONS, ALL STATIONS, ALL STATIONS
THIS IS TWO, ONE, ONE, TWO, THREE, NINE, SIX, EIGHT, ZERO
MOTOR VESSEL "BIRTE" CALL SIGN DELTA ALPHA MIKE KILO
POSITION SIX TWO DEGREES ONE ONE DECIMAL EIGHT MINUTES NORTH
ZERO ZERO SEVEN DEGREES FOUR FOUR MINUTES EAST
I HAVE PROBLEMS WITH ENGINES
I REQUIRE TUG ASSISTANCE

10.3 安全通報 ◎79

安全通報は船舶の安全な航行を助けるために行われる。GMDSS に従った船舶には Navtex（無線テレックス）が装備されており，安全通報がテレックスの形で利用できる。以下の安全に関する情報のメッセージの後には，しばしば次のフレーズが使われる。

> Navigate with caution.
>   Wide berth requested.
>   Navigation closed in area X.

> 注意して航行せよ。
> 十分離して航行せよ。
> 海域 X は航行が禁止されている。

10.3.1 気象および海象

10.3.1.1

What is wind direction and force in [your position / position P]?
Wind direction D, force Beaufort X in [my position / position P].
> [貴船の位置・位置 P]での風向と風力は？
> > [本船の位置・位置 P]での風向は D, 風力は X。

What wind is expected in [my position / position P] ?
The wind in [your position / position P] is expected ～
from direction D, force Beaufort X.
to [increase / decrease].
variable.
> [本船の位置・位置 P]で予測される風は？
> > [貴船の位置・位置 P]の風は
風向 D, 風力 X と予想される。
[強まる・弱まる]見込み。
変わりやすい見込み。

10.3.1.2

What is the latest [gale / storm] warning?
The latest [gale / storm] warning is as follows:

> [Gale / Storm] warning. Winds at T UTC in area X from direction D and force Beaufort Y [backing / veering] to Z.
> [Gale / Storm] warning was issued at T UTC.
> ☞ 最新の[強風・暴風]警報は？
> ☞ 最新の[強風・暴風]警報は以下の通り。
> [強風・暴風]警報。海域XにおけるUTC T 時の風向はD，風力はYで，Zの方向に[逆転・順転]している。
> [強風・暴風]警報がUTC T時に発令された。

📖 解説：風向は低気圧などの進行に伴い，北の風から北東，東のように時計回りに変化したり，その逆に反時計回りに変化することがある。前者の場合，Wind is veering.「風は順転している」といい，後者の場合，Wind is backing.「風は逆転している」という。帆船の航行中には非常に重要な情報であり，また錨泊中に風が回ると，その影響で船も回り，錨鎖が船首を巻いてしまったりするので，注意する必要がある。

10.3.1.3

> What is the latest tropical storm warning?
> The latest tropical storm warning is as follows:
> Tropical storm warning at T UTC. [Hurricane N / Tropical cyclone / Tornado / Willy-willy / Typhoon N] with central pressure of M [millibars / hPascals] located in position P. Present movement D at X knots.
> Winds of Y knots within radius of W miles of centre. Seas [moderate / rough / high / over Z metres].
> Further information on VHF [channel A / frequency B].

☞ 最新の熱帯性暴風雨警報は？
　　☞ 最新の熱帯性暴風雨警報は以下の通り。
　　　UTC　T時の熱帯性暴風雨警報。中心部の気圧がM[ミリバール・ヘクトパスカル]の[ハリケーンN・熱帯性サイクロン・竜巻・ウィリーウィリー・台風N]が位置Pにあり，現在Dの方向にXノットの速度で進んでいる。
　　　中心部から半径Wマイル以内の風速はYノット。波は[中程度・高い・非常に高い・Zメートル以上]。
　　　さらに詳しい情報はVHF[チャンネルA・周波数B]。

📖 解説：hurricaneはカリブ海やメキシコ湾，cycloneはインド洋，willy-willyはオーストラリア西岸，typhoonはシナ海での熱帯性低気圧の名称である。

10.3.1.4

What is the atmospheric pressure in [your position / position P]?
　The atmospheric pressure in [my position / position P] is X [millibars / hPascals].
　　☞ [貴船の位置・位置P]の気圧は？
　　　☞ [本船の位置・位置P]の気圧はX[ミリバール・ヘクトパスカル]。
What is the barometric change in [your position / position P]?
　The barometric change in [my position / position P] is X [millibars / hPascals] [per hour / within last Y hours].
　The barometer is [steady / dropping (rapidly) / rising (rapidly)].

☞ [貴船の位置・位置 P]での気圧の変化は？
　　☞ [本船の位置・位置 P]での気圧の変化は[毎時・ここ Y 時間で]X[ミリバール・ヘクトパスカル]。
　　気圧計の読みは[一定して・(急速に)下がって・(急速に) 上がって]いる。

10.3.1.5

What maximum winds are expected in the storm area?
　Maximum winds of X knots expected ∼
　　in the storm area.
　　within a radius of Y [kilometres / miles] of centre.
　　in the [safe / dangerous] semicircle.
　　　☞ 暴風圏内での最大風速の予測は？
　　　　☞ 暴風圏内
　　　　　中心から半径 Y[キロメートル・マイル]
　　　　　[安全・危険]半円
　　　　　　での予想最大風速は X ノット。

10.3.1.6

What is the sea state in [your position / position P]?
　The [smooth / moderate / rough / high] sea in [my position / position P] is X metres from D.
　The [slight / moderate / heavy] swell in [my position / position P] is X metres from D.

> ☞ [貴船の位置・位置 P]での海面状況は？
>> ☞ [本船の位置・位置 P]での[ゆるやかな・中程度の・高い・非常に高い]波の高さは X メートル，方向は D。
>> [本船の位置・位置 P]での[ゆるやかな・中程度の・大きい]うねりの高さは X メートル，方向は D。

10.3.1.7

> Is the sea state expected to change (within the next hours)?
>> No, the sea state is not expected to change (within the next hours).
>> Yes, a [sea / swell] of X metres from D is expected (within the next hours).
>> [A tsunami / An abnormal wave] is expected by T UTC.
>> ☞ 海面状況は（今後数時間内に）変わる見込みか？
>>> ☞ いいえ，海面状況が（今後数時間内に）変わる見込みはない。
>>> はい，D の方向から X メートルの[波・うねり]が（今後数時間内に）来る見込み。
>>> UTC T 時までに[津波・異常な波]が見込まれる。

10.3.2 視　　　程

10.3.2.1

What is visibility in [your position / position P]?
　　Visibility in [my position / position P] is X [metres / nautical miles].
　　Visibility is [restricted / reduced] by [mist / fog / snow / dust / rain].
　　Visibility is [increasing / decreasing / variable].
　　　☞ [貴船の位置・位置 P]での視程は？
　　　　☞ [本船の位置・位置 P]での視程は X[メートル・海里]。
　　　　　視程は[もや・霧・雪・ちり・雨]により[制限されている・悪化している]。
　　　　　視程は[増加・減少・上下]している。

10.3.2.2

Is visibility expected to change in [my position / position P] (within the next hours)?
　　No, visibility is not expected to change in [your position / position P] (within next hours).
　　Yes, visibility is expected to [increase / decrease] to X [metres / nautical miles] in [your position / position P] (within next hours).
　　Visibility is expected to be variable between X and Y [metres / nautical miles] in [your position / position P] (within next hours).

☞ [本船の位置・位置 P]での視程は（今後数時間以内に）変化する見込みですか？

☞ いいえ、[貴船の位置・位置 P]での視程が（今後数時間以内に）変化する見込みはない。

はい、[貴船の位置・位置 P]での視程は(今後数時間以内に) X[メートル・海里]に[増加・減少]する見込。

はい、[貴船の位置・位置 P]での視程は(今後数時間以内に) X から Y[メートル・海里]の間で上下する見込。

10.3.3 氷

10.3.3.1

What is the latest ice information?

Ice warning. [Ice / Iceberg(s)] [located in position P / reported in area around X].

No ice [located in position P / reported in area around X].

☞ 最新の氷情報は？

☞ 氷警報。[氷・氷山]が[位置 P にあり・X 付近の海域に報告されている]。

氷は[位置 P にない・X 付近の海域に報告されていない]。

10.3.3.2

> What ice situation is expected in [my position / area around X]?
> Ice situation is not expected to change in [your position / area around X].
> Ice situation is expected to [improve / deteriorate] in [your position / area around X].
> Thickness of ice is expected to [increase / decrease] in [your position / area around X].
> ☞ [本船の位置・X 付近の海域]ではどのような氷の状況が予想されるか？
> ☞ [貴船の位置・X 付近の海域]の氷の状況は変化しない見込み。
> [貴船の位置・X 付近の海域]の氷の状況は[改善する・悪化する]見込み。
> [貴船の位置・X 付近の海域]の氷の厚さは[増加・減少]する見込み。

10.3.3.3

> Navigation is dangerous in area around X due to [floating ice / pack ice / iceberg(s)].
> Navigation in area around X is only possible for high-powered vessels of strong construction.
> Navigation in area around X is only possible with ice-breaker assistance.
> Area around X temporarily closed for navigation.
> [Danger of icing / Icing is expected] in area around X.

> X 付近の海域では[流氷・結氷・氷山]のため航行に危険あり。
> X 付近の海域で砕氷船の助けなしに航行できるのは船体強度の大きい高出力船のみ。
> X 付近の海域では砕氷船の助けがなければ航行できない。
> X 付近の海域は一時的に航行禁止。
> X 付近の海域に，結氷[の危険あり・が予測される]。

10.3.4　異常潮汐

10.3.4.1

The present tide is X metres [above / below] datum in position P.
The tide is X metres [above / below] prediction.
The tide is [rising / falling].
Wait until [high / low] water.
Abnormally [high / low] tides are expected in position P [at about T UTC / within X hours].

> 位置Pにおける現在の潮汐は基準面よりXメートル[上・下]。
> 潮汐は予想よりXメートル[高い・低い]。
> 潮は[上げている・下げている]。
> [満潮・干潮]まで待て。
> 位置Pにおいて[UTC T時ごろ・X時間以内に]異常[高潮・低潮]が予想される。

📖 解説：datum とは海図に記された高さの基準（すなわち0）を指す。海図に示された水深は，低潮時の浅い水深である。こうしておけば誤って座礁する

ことが避けられるからである。潮の満ち引きは，水深に大きな影響を与えるため，出入港の際には大変重要な情報で，必ず潮汐表で確認する。船舶によっては喫水の関係で満潮時にしか航行できないような水域もあり，その場合には汐待ちといって，満潮を待ってから通航することもある。

10.3.4.2

Is the depth of water sufficient in position P?
 Yes, the depth of water is sufficient in position P.
 No, the depth of water is not sufficient in position P.
 The depth of water is X metres in position P.
  ☞ 位置Pでの水深は十分か？
   ☞ はい，位置Pでの水深は十分。
    いいえ，位置Pでの水深は十分でない。
    位置Pの水深はXメートル。

10.3.4.3

My draft is X metres. Can I [enter / pass] Y?
 Yes, you can [enter / pass] Y.
 No, you cannot [enter / pass] at present. Wait until T UTC.
 The charted depth of water is [increased / decreased] by X metres due to [sea state / winds].
  ☞ 本船の喫水はXメートル。Y ［に入れる・を通過］できるか？
   ☞ はい，貴船はY ［に入れる・を通過できる］。
    いいえ，貴船は現時点ではY ［に入れない・を通過できない］。UTC T時まで待て。

> ［海面状態・風］により海図の水深は X メートル［増加・減少］している。

〔注〕Charted depth has [increased / decreased] ~ という表現も SMCP の別の部分にあり。

10.4 安全通報の例 ◎80

　GMDSS における DSC (Digital Selective Calling) 安全通報を発信した後，VHF の 16 チャンネルすなわち 2182 kHz で，以下のように安全通報を行う。

　SECURITE を 3 度，さらに ALL STATIONS, もしくは特定の海域の ALL SHIPS を 3 度繰り返して呼び出す。次に 9 桁の Maritime Mobile Service Identity Code (MMSI), 船名，コールサインを述べ，安全通報の内容を続ける。

例：
SECURITE, SECURITE, SECURITE
ALL SHIPS, ALL SHIPS, ALL SHIPS IN AREA PETER REEF
THIS IS TWO, ONE, ONE, TWO, THREE, NINE, SIX, EIGHT, ZERO
MOTOR VESSEL "BIRTE" CALL SIGN DELTA ALPHA MIKE KILO
DANGEROUS WRECK LOCATED IN POSITION TWO NAUTICAL MILES SOUTH OF PETER REEF　　OVER

Lesson 11
航海警報

この課で扱う表現は，航海上の安全のためのもので，SECURITE として通報される種類のものである。コーストガードなどからの通報や，Navtexを使った連絡の場合もあるが，航海中に危険な漂流物などを発見したら，付近の船舶やしかるべき機関に知らせるのが，よいシーマンシップといえよう。

11.1　陸上または海上の標識

11.1.1

> X (charted name of light / buoy) in position P ～
> 　　[unlit / unreliable].
> 　　[damaged / destroyed].
> 　　[off station / missing].
> 　　　　☞ 位置PのX（海図上の灯火・ブイの名前）は
> 　　　　　［あかりが消えている・灯質が不正確］。
> 　　　　　［損傷を受けている・破壊されている］。
> 　　　　　［位置が違う・なくなっている］。

📖 解説：灯火には固有の灯質（light characteristics）があり海図に略号で記載

されている。例えば Oc W 8s は occulting light（明滅灯）で色は white（白），間隔は8秒，Fl(3)R 12s なら group flashing（3回つづけてちかちか光る）で色は red（赤），間隔は12秒，といった具合である。unreliable とはこの指定通りに光らないことを示している。

ちなみにログブックに記載する際，昼間は light house や light buoy などを使うが，夜間はすべて light を使う。夜見えるのは灯火（light）のみだからである。

11.1.2

X（charted name of light / buoy） in position P 〜
 （temporarily）changed to Y.
 （temporarily）[removed / discontinued].
X（charted name of light / buoy） Y（full characteristics）〜
 established in position P.
 re-established in position P.
 moved Y [kilometres / nautical miles] D to position P.
Fog signal X（charted name of light / buoy） in position P inoperative.
 ☞ 位置PのX（海図上の灯火・ブイの名前）は
  （一時的に）Y（灯質などを指定）に変更されている。
  （一時的に）[撤去・停止]されている。
 灯質YのX（海図上の灯火・ブイの名前）が
  位置Pに設置された。
  位置Pに再設置された。
  D（方角）へ Y[キロ・海里]の位置Pに移動された。
 位置Pの霧信号X（海図上の灯火・ブイの名前）は
  作動していない。

📖 解説：霧信号は，霧の際に音により浮標や灯台の位置を知らせる装置。

11.2 漂流物

[Superbuoy / Mine / Unlit derelict vessel / X container(s)] adrift in vicinity P at TD.
Unknown object in position P.

☞ [特大ブイ・機雷・無灯火の遺棄船・X 個のコンテナ]が TD に，位置 P 付近に漂流していた。
位置 P に未確認物体。

11.3 電子航行援助装置

GPS Satellite X unusable from TD_1 to TD_2.
LORAN station X off air from TD_1 to TD_2.
RACON X in position P off air from TD_1 to TD_2.
Cancel one hour after time of restoration.

☞ GPS 衛星 X は TD_1 より TD_2 まで使用不能。
ロラン局 X は TD_1 より TD_2 まで発信停止。
位置 P のレーコン X は TD_1 より TD_2 まで発信停止。
復旧 1 時間後にこの通報は取り消す。

📖 解説：GPS は合計 18 の衛星で全地球をカバーし，その中の最低 4 つの衛星からの電波を利用して位置を求めている。LORAN は，地上の 2 つの局から発信される電波によって船位をもとめるシステムで，現在も使用されている。RACON とは Radar Beacon のことで，レーダスクリーン上に点線として現れる電波を発信する。海図にはその位置が示されており，レーダ上で容易に確認できる。

11.4 海底の状況，沈没船

> Uncharted [reef / rock / shoal] [reported / located] in position P.
> Dangerous [wreck / obstruction] [reported / located] in position P.
> Dangerous wreck in position P marked by X buoy Y [kilometres / nautical miles] D.
> ☞ 海図にない[暗礁・岩・浅瀬]が位置 P に[報告・確認]されている。
> 　危険な[沈没船・障害物]が位置 P に[報告・確認]されている。
> 　位置 P に危険な沈没船。D の方角 Y[キロ・海里]に X（形状・色など）のブイで表示あり。

〔注〕SMCP は，はっきりと確認されていれば located を，確認を伴わなければ reported を使うと定めている。

11.5 ケーブル等の敷設

> [Cable / Pipeline] operations by N [in vicinity P / along line joining P_1 and P_2] from TD_1 to TD_2. Wide berth requested. Contact via VHF channel X.
>
> A: [Seismic survey / Hydrographic operations / Salvage operations] by N from TD_1 to TD_2 in P.
>
> B: Survey vessel N towing X seismic cable [along line joining P_1 and P_2 / in area bound by P_1 and P_2 / in vicinity P] from TD_1 to TD_2.
>
> C: Hazardous operations by N [in area bound by P_1 and P_2 / in vicinity P] from TD_1 to TD_2.
>
> D: [Current metres / Hydrographic instruments] moored in P.

☞ 船舶 N による [ケーブル・パイプライン] 敷設作業が [P 付近・P_1 と P_2 を結んだ線上] で TD_1 から TD_2 にかけて行われる。十分離れて航行されたい。連絡は VHF チャンネル X を使用。
A：船舶 N による [地震調査・水路測量・引き上げ作業] が位置 P にて TD_1 から TD_2 にかけ行われる。
B：調査船 N が TD_1 から TD_2 にかけ [P_1 と P_2 を結んだ線上・P_1 と P_2 で囲まれた海域・P 付近] にて X（長さ）の地震波測定ケーブルを曳航する。
C：[P_1 と P_2 で囲まれた海域・P 付近] にて TD_1 から TD_2 にかけ N によって危険な作業が行われる。
D：[潮流計・水路測量機器] が位置 P に繋留されている。

11.6 潜水作業・曳航

[Diving / Dredging] operations by vessel N from TD_1 to TD_2 in position P.
Difficult tow from X on D_1 to Y on D_2.

☞ TD_1 から TD_2 にかけ位置 P にて [潜水・浚渫] 作業が行われる。
X 港を D_1 に出発し Y 港に D_2 に到着する困難な曳航作業あり。（D_1, D_2 は日付）

11.7　荷　　役

> Transshipment of X in position P.
> I am spilling [oil / chemicals / X] in position P.
> I am leaking gas in position P. Do not pass to windward.
> Oil clearance operations near MV N in position P.
> ☞ 位置 P にて積荷 X の荷役中。
> 　　本船は位置 P にて[油・化学薬品・X]を流出中。
> 　　本船は位置 P にてガス漏れを起こしている。本船を風上に見て通過しないこと。
> 　　位置 P の MV N の付近で油除去作業が行われている。

〔注〕transshipment は海上で積荷を別の船に移すことを指す。

11.8　沿岸施設

> Platform X [reported / established] in position P at TD.
> Platform X removed from P on D.
> [Pipeline / Platform] X in position P [spilling oil / leaking gas].
> Derelict platform X being removed from P at TD.
> ☞ プラットフォーム X（名前や番号）が TD，位置 P に[報告・設置]された。
> 　　プラットフォーム X（名前や番号）は D（日付）に位置 P から撤去された。
> 　　位置 P の[パイプライン・プラットフォーム]は[油・ガス]漏れを起こしている。
> 　　放置されたプラットフォーム X が位置 P から TD に撤去される。

11.9 水門や橋の故障

> Lock X defective.
>
> For entering Y use lock Z.
>
> [Lock / Bridge] X defective.
>
> Avoid this area. No possibility for vessels to turn.
>
> ☞ 水門Xは故障中。
>
> Yに入るには水門Zを使用すること。
>
> [水門・橋]Xは故障中。
>
> この水域は避けよ。船舶の回頭は不可能。

11.10 軍事演習

> [Gunnery / Rocket firing / Missile / Torpedo / Underwater ordnance] exercises in area bounded by P_1 and P_2 from TD_1 to TD_2.
>
> Mine clearing operations from TD_1 to TD_2 in area bound by P_1 and P_2.
>
> ☞ P_1およびP_2に囲まれた海域においてTD_1よりTD_2まで[艦砲・ロケット・ミサイル・魚雷・爆雷]演習が行われる。
>
> TD_1よりTD_2までP_1およびP_2に囲まれた海域において機雷除去作業が行われる。

11.11 漁　労
11.1 1.1

> Small fishing boats in area around X. Navigate with caution.
> ☞ X 付近の海域に小型漁船多数。注意して航行せよ。
>
> Is fishing gear ahead of me?
> 　No fishing gear ahead of you.
> 　Yes, fishing gear [with buoys / without buoys] in [position P / area around X].
> 　　☞ 本船の前に漁具はあるか？
> 　　　☞ 貴船の前に漁具はない。
> 　　　　はい，[ブイをつけた・ブイのない]漁具が[位置 P・X 付近の海域]にある。

11.11.2

> Fishing gear has fouled my propeller(s).
> You have caught my fishing gear.
> Advise you to recover your fishing gear.
> Fishing in area X prohibited.
> 　　☞ 漁具が本船のプロペラに絡まった。
> 　　　貴船に本船の漁具が絡まった。
> 　　　漁具を引き上げるよう勧告する。
> 　　　X 海域での漁労は禁止されている。

📖 解説：小型の漁船は乗組員も少なく，漁労中は網などに気を取られていて危険である。当然細心の注意を払って航行することになる。また魚網がプロペ

ラに絡まったりすると，プロペラを傷つけたり，回転数が下がったりするので，大変厄介である。プロペラは推進効率を高め，キャビテーション（Cavitation: プロペラが高速回転中に真空部分が生じ，推進効率が著しく低下すること）を押さえるため，精密に作られており，曲がったり傷がついたりするとそれだけで効率が落ちてしまう。

11.12 環境保護

11.12.1

X [barrels / drums / containers] with IMDG-Code marks reported adrift near position P.

Located oil spill in position P extending X by Y metres to D.

Located oil spill [in your wake / in the wake of MV N].

Located a vessel dumping [chemicals / waste / X] in position P.

Located a vessel incinerating [chemicals / waste / X] in position P.

☞ IMDG コードマークのついた X 個の[樽・ドラム缶・コンテナ]が位置 P 付近で漂流している報告があった。

位置 P において長さ X, 幅 Y メートルにわたり D の方角へ広がっている流出油を発見。

[貴船の航跡・MV N の航跡]に油の流出を発見。

位置 P にて[化学薬品・廃棄物・X]を投棄している船を発見した。

位置 P にて[化学薬品・廃棄物・X]を焼却している船を発見した。

〔注〕IMDG-Code については，2.7(29 頁)を参照。最後の 4 つは主語を省略してあるが，補うとすれば I (have) located …であろう。

11.12.2

> Can you identify the polluter?
>   Yes, I can identify the polluter. The polluter is MV N.
>   No, I cannot identify the polluter.
>   ☞ 貴船は汚染者を特定できるか？
>   ☞ はい，本船は汚染者を特定できる。汚染者はMV N。
>   いいえ，本船は汚染者を特定できない。
> What is course and speed of the polluter?
>   Course of the polluter X degrees, speed Y knots.
>   The polluter left the scene.
>   ☞ 汚染者の針路および速力は？
>   ☞ 汚染者の針路はX度，速力はYノット。
>   汚染者は汚染現場を離れてしまった。

11.12.3

> I have accidental spillage of [oil / X].
>   ☞ 本船は不慮の[油・X]流出を起こしている。
> Can you stop spillage?
>   Yes, I can stop spillage.
>   No, I cannot stop spillage.
>   ☞ 流出を止められるか？
>   ☞ はい，止められる。
>   いいえ，止められない。

I require oil clearance assistance.

I require [floating booms / oil dispersants / X].

Stay in vicinity of pollution and co-operate with oil clearance team.

☞ 本船は油除去援助を要請する。

本船は[オイルフェンス・油処理剤・X]を要請する。

汚染現場付近に留まり，油除去チームと協力せよ。

〔注〕オイルフェンスは和製英語。

【参考文献】

航海図鑑　　運航技術研究会編　　海文堂
基本運用術　　本田啓之輔著　　海文堂
操船の基礎　　矢吹英雄著　　海文堂
船舶運航のABC　　坂井保也 監修　池田宗雄 著　　成山堂
IMO標準海事通信用語集　　運輸省船員部 監修　　成山堂
米国49CFR北米出荷マニュアル　—基礎編—　　渡邉　豊　　めいけい出版
Knight's Modern Seamanship 18th edition　　John V. Noel, JR. 監修
American Practical Navigator　　Bowditch 原著　　Defense Mapping Agency Hydrographic / Topographic Center
CADET'S COMPANION TO TRAINING-SHIP TRAINING for deck cadet　　航海訓練所編
REQUIRED BOARDING ARRANGEMENTS FOR PILOT　　Japanese pilots' association

ISBN978-4-303-23330-3
海事基礎英語

2002年 4月 5日 初版発行	Ⓒ 2002
2024年10月10日 2版9刷発行	

監修者　大津皓平　　　　　　　　　　　　　　　検印省略
共著者　高木直之・内田洋子
発行者　岡田雄希
発行所　海文堂出版株式会社

　　　本　社　東京都文京区水道2-5-4（〒112-0005）
　　　　　　　電話 03（3815）3291(代)　FAX 03（3815）3953
　　　　　　　https://www.kaibundo.jp/
　　　支　社　神戸市中央区元町通3-5-10（〒650-0022）
日本書籍出版協会会員・工学書協会会員・自然科学書協会会員

PRINTED IN JAPAN　　　　　印刷　東光整版印刷／製本　ブロケード

JCOPY ＜出版者著作権管理機構 委託出版物＞
本書の無断複製は著作権法上での例外を除き禁じられています。複製される場合は，そのつど事前に，出版者著作権管理機構（電話：03-5244-5088, FAX：03-5244-5089, e-mail：info@jcopy.or.jp）の許諾を得てください。

図 書 案 内

はじめての船上英会話 [二訂版]
(PowerPoint 用 DVD 付)

商船高専海事英語研究会 編
A5・192 頁・定価 2,860 円（税込）
ISBN978-4-303-23341-9

座学・実習において習得すべき船内コミュニケーションフレーズと海事英語語彙をテーマごとに全 31 ユニットに整理。写真や図を多用。英語・海事の両面からポイントとなる部分については解説を加えた。添付の DVD には文字・音声・映像情報を収録。

Surfing English
(CD 付)

池田恭子 編／KCC-JMC NCEC 協力
A5・192 頁・定価 2,640 円（税込）
ISBN978-4-303-23345-7

ハワイ州カウアイ・コミュニティ・カレッジの先生と学生の協力のもとに作成された、10 日間で集中的に中学校で学んだ英文法が復習できるテキスト。添付 CD に収録されたサーフィンを中心にハワイの海や文化を題材としたストーリーを聞きながら楽しく学べる。

Navigating English

池田恭子・長山昌子 編著
A5・224 頁・定価 2,420 円（税込）
ISBN978-4-303-23346-4

仕事／海／英語をキーワードに、①海や船に関する仕事を英語で表現できるようになる、②英語を使って世界の人々とコミュニケーションする力を伸ばす、③英語学習を通じて仕事や生き方が見えてくる、という目標を掲げて編集されている。英語音声を HP から自由にダウンロードできる。

1・2 級海技士 はじめての英語指南書

商船高専キャリア教育研究会 編
A4・208 頁・定価 2,970 円（税込）
ISBN978-4-303-23347-1

CHAPTER 1 と 2 では、実際に海技士試験で出題された問題を用いて、英文法や語彙、専門用語を解説。CHAPTER 3 と 4 では、高度な専門性を身につけるために、外航船員の業務で使用される書類や国際条約を掲載。ネイティブスピーカによるリスニング音声を HP からダウンロードできる。

Let's Enjoy Maritime English

商船高専キャリア教育研究会 編
MAAP 協力
B5・104 頁・定価 1,980 円（税込）
ISBN978-4-303-23348-8

多くの有能な外航船員を輩出するフィリピンの商船学校 MAAP の全面的協力を得て行われた学生ならびに教員向けセミナーの内容を基に編集。パズルやゲーム的な要素、ロールプレイ、写真やマンガをふんだんに取り入れた。楽しみながら、商船の現場ですぐに使える海事英語を身につけることができる。

表示価格は 2024 年 9 月現在のものです。最新の情報はホームページでご覧ください。
https://www.kaibundo.jp/